사물인터넷, 빅데이터 등 스마트 시대 대비!

정보처리능력 향상을 위한─

최고효과

기초탄탄 계산법

8권 | 분수와 소수의 덧셈과 뺄셈

기초부터 탄탄하게
기탄출판

계산력은 수학적 사고력을 기르기 위한 기초 과정이며,
스마트 시대에 정보처리능력을 기르기 위한 필수 요소입니다.

사칙 계산(+, −, ×, ÷)을 나타내는 기호와 여러 가지 수(자연수, 분수, 소수 등) 사이의 관계를 이해하여 빠르고 정확하게 답을 찾아내는 과정을 통해 아이들은 수학적 개념이 발달하기 시작하고 수학에 흥미를 느끼게 됩니다.

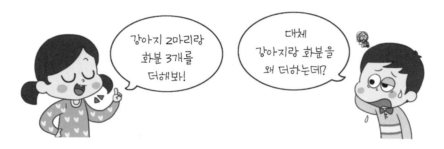

위에서 보여준 것과 같이 단순한 더하기라 할지라도 아무거나 더하는 것이 아니라 더하는 의미가 있는 것은, 동질성을 가진 것끼리, 단위가 같은 것끼리여야 하는 등의 논리적이고 합리적인 상황이 기본이 됩니다.

사칙 계산이 처음엔 자연수끼리의 계산으로 시작하기 때문에 큰 어려움이 없지만 수의 개념이 확장되어 분수, 소수까지 다루게 되면, 더하기를 하기 위해 표현 방법을 모두 분수로, 또는 모두 소수로 바꾸는 등, 자기도 모르게 수학적 사고의 과정을 밟아가며 계산을 하게 됩니다.

이런 단계의 계산들은 하위 단계인 자연수의 사칙 계산이 기초가 되지 않고서는 쉽지 않습니다.

계산력을 기르는 것이 이렇게 중요한데도 계산력을 기르는 방법에는 지름길이 없습니다.

❶ 매일 꾸준히
❷ 표준완성시간 내에
❸ 정확하게 푸는 것

을 연습하는 것만이 정답입니다.

집을 짓거나, 그림을 그리거나, 운동경기를 하거나, 그 밖의 어떤 일을 하더라도 좋은 결과를 위해서는 기초를 닦는 것이 중요합니다.

앞에서도 말했듯이 수학적 사고력에 있어서 가장 기초가 되는 것은 계산력입니다. 또한 계산력은 사물인터넷과 빅데이터가 활용되는 스마트 시대에 가장 필요한, 정보처리능력을 향상시킬 수 있는 기본 요소입니다. 매일 꾸준히, 표준완성시간 내에, 정확하게 푸는 것을 연습하여 기초가 탄탄한 미래의 소중한 주인공들로 성장하기를 바랍니다.

이 책의 특징과 구성

∵ 학습관리 | – 결과 기록지

매일 학습하는 데 걸린 시간을 표시하고 표준완성시간 내에 학습 완료를 하였는지, 틀린 문항 수는 몇 개인지, 또 아이의 기록에 어떤 변화가 있는지 확인할 수 있습니다.

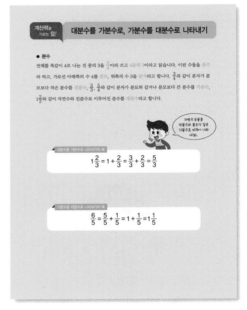

∵ 계산 원리 | 짚어보기 – 계산력을 기르는 힘

계산력도 원리를 익히고 연습하면 더 정확하고 빠르게 풀 수 있습니다. 제시된 원리를 이해하고 계산 방법을 익히면, 본 교재 학습을 쉽게 할 수 있는 힘이 됩니다.

∵ 본 학습

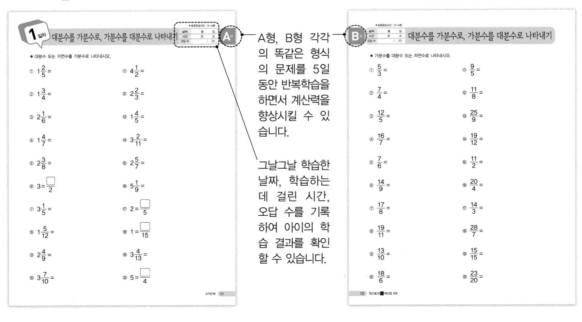

A형, B형 각각의 똑같은 형식의 문제를 5일 동안 반복학습을 하면서 계산력을 향상시킬 수 있습니다.

그날그날 학습한 날짜, 학습하는 데 걸린 시간, 오답 수를 기록하여 아이의 학습 결과를 확인할 수 있습니다.

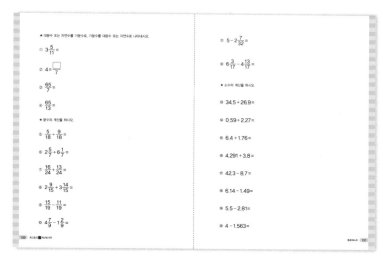

종료테스트

각 권이 끝날 때마다 종료테스트를 통해 학습한 것을 다시 한번 확인할 수 있습니다.
종료테스트의 정답을 확인하고 '학습능력평가표'를 작성합니다. 나온 평가의 결과대로 다음 교재로 바로 넘어갈지, 좀 더 복습이 필요한지 판단하여 계속해서 학습을 진행할 수 있습니다.

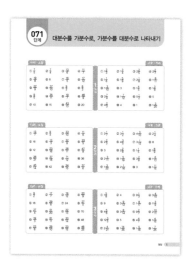

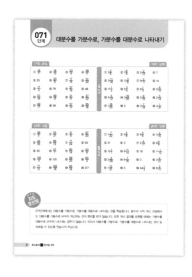

정답

단계별 정답 확인 후 지도포인트를 확인합니다. 이번 학습을 통해 어떤 부분의 문제해결력을 길렀는지, 또한 틀린 문제를 점검할 때 어떤 부분에 중점을 두고 확인해야 할지 알 수 있습니다.

최고효과 기초탄탄 계산법 전체 학습 내용

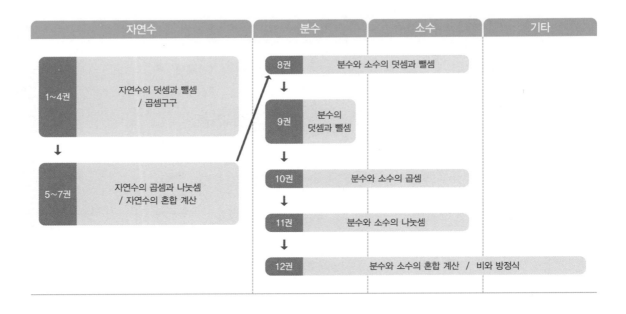

자연수	분수	소수	기타
	8권 분수와 소수의 덧셈과 뺄셈		
1~4권 자연수의 덧셈과 뺄셈 / 곱셈구구	9권 분수의 덧셈과 뺄셈		
5~7권 자연수의 곱셈과 나눗셈 / 자연수의 혼합 계산	10권 분수와 소수의 곱셈		
	11권 분수와 소수의 나눗셈		
	12권 분수와 소수의 혼합 계산 / 비와 방정식		

최고효과 기초탄탄 계산법 권별 학습 내용

		1권 : 자연수의 덧셈과 뺄셈 1
권장학년 초1	001단계	9까지의 수 모으기와 가르기
	002단계	합이 9까지인 덧셈
	003단계	차가 9까지인 뺄셈
	004단계	덧셈과 뺄셈의 관계 ①
	005단계	세 수의 덧셈과 뺄셈 ①
	006단계	(몇십)+(몇)
	007단계	(몇십 몇)±(몇)
	008단계	(몇십)±(몇십), (몇십 몇)±(몇십 몇)
	009단계	10의 모으기와 가르기
	010단계	10의 덧셈과 뺄셈

	2권 : 자연수의 덧셈과 뺄셈 2
011단계	세 수의 덧셈, 뺄셈
012단계	받아올림이 있는 (몇)+(몇)
013단계	받아내림이 있는 (십 몇)-(몇)
014단계	받아올림·받아내림이 있는 덧셈, 뺄셈 종합
015단계	(두 자리 수)+(한 자리 수)
016단계	(몇십)-(몇)
017단계	(두 자리 수)-(한 자리 수)
018단계	(두 자리 수)±(한 자리 수) ①
019단계	(두 자리 수)±(한 자리 수) ②
020단계	세 수의 덧셈과 뺄셈 ②

		3권 : 자연수의 덧셈과 뺄셈 3 / 곱셈구구
권장학년 초2	021단계	(두 자리 수)+(두 자리 수) ①
	022단계	(두 자리 수)+(두 자리 수) ②
	023단계	(두 자리 수)-(두 자리 수)
	024단계	(두 자리 수)±(두 자리 수)
	025단계	덧셈과 뺄셈의 관계 ②
	026단계	같은 수를 여러 번 더하기
	027단계	2, 5, 3, 4의 단 곱셈구구
	028단계	6, 7, 8, 9의 단 곱셈구구
	029단계	곱셈구구 종합 ①
	030단계	곱셈구구 종합 ②

	4권 : 자연수의 덧셈과 뺄셈 4
031단계	(세 자리 수)+(세 자리 수) ①
032단계	(세 자리 수)+(세 자리 수) ②
033단계	(세 자리 수)-(세 자리 수) ①
034단계	(세 자리 수)-(세 자리 수) ②
035단계	(세 자리 수)±(세 자리 수)
036단계	세 자리 수의 덧셈, 뺄셈 종합
037단계	세 수의 덧셈과 뺄셈 ③
038단계	(네 자리 수)+(세 자리 수·네 자리 수)
039단계	(네 자리 수)-(세 자리 수·네 자리 수)
040단계	네 자리 수의 덧셈, 뺄셈 종합

071단계 대분수를 가분수로, 가분수를 대분수로 나타내기

● **결과 기록지**

① 1~5일차 학습에 걸린 시간을 각각 재서 그래프에 점을 찍습니다.
② 점과 점을 연결하여 기록의 변화를 확인합니다.
③ 오답 수를 세어 오답 수 칸에 씁니다.

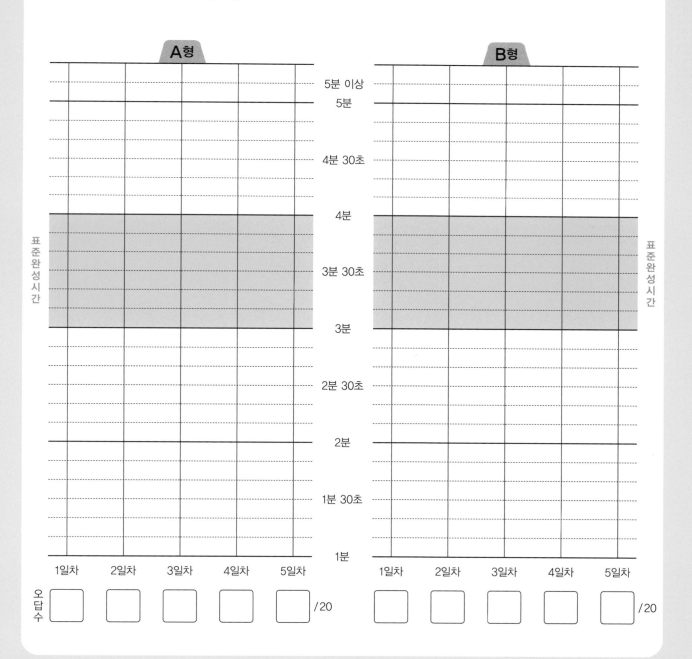

대분수를 가분수로, 가분수를 대분수로 나타내기

● 분수

전체를 똑같이 4로 나눈 것 중의 3을 $\frac{3}{4}$이라 쓰고 4분의 3이라고 읽습니다. 이런 수들을 분수라 하고, 가로선 아래쪽의 수 4를 분모, 위쪽의 수 3을 분자라고 합니다. $\frac{3}{4}$과 같이 분자가 분모보다 작은 분수를 진분수, $\frac{3}{3}$, $\frac{5}{4}$와 같이 분자가 분모와 같거나 분모보다 큰 분수를 가분수, $1\frac{2}{3}$와 같이 자연수와 진분수로 이루어진 분수를 대분수라고 합니다.

자연수부분을 진분수와 분모가 같은 가분수로 바꾸어 나타내 봐.

대분수를 가분수로 나타내기의 예

$$1\frac{2}{3} = 1 + \frac{2}{3} = \frac{3}{3} + \frac{2}{3} = \frac{5}{3}$$

가분수를 대분수로 나타내기의 예

$$\frac{6}{5} = \frac{5}{5} + \frac{1}{5} = 1 + \frac{1}{5} = 1\frac{1}{5}$$

★ 대분수 또는 자연수를 가분수로 나타내시오.

① $1\frac{2}{5} =$

② $1\frac{3}{4} =$

③ $2\frac{1}{6} =$

④ $1\frac{4}{7} =$

⑤ $2\frac{3}{8} =$

⑥ $3 = \dfrac{\Box}{2}$

⑦ $3\frac{1}{5} =$

⑧ $1\frac{5}{12} =$

⑨ $2\frac{4}{9} =$

⑩ $3\frac{7}{10} =$

⑪ $4\frac{1}{2} =$

⑫ $2\frac{2}{3} =$

⑬ $1\frac{4}{5} =$

⑭ $3\frac{2}{11} =$

⑮ $2\frac{5}{7} =$

⑯ $5\frac{1}{9} =$

⑰ $2 = \dfrac{\Box}{5}$

⑱ $1 = \dfrac{\Box}{15}$

⑲ $3\frac{4}{13} =$

⑳ $5 = \dfrac{\Box}{4}$

대분수를 가분수로, 가분수를 대분수로 나타내기

★ 가분수를 대분수 또는 자연수로 나타내시오.

① $\dfrac{5}{3} =$

② $\dfrac{7}{4} =$

③ $\dfrac{12}{5} =$

④ $\dfrac{16}{7} =$

⑤ $\dfrac{7}{6} =$

⑥ $\dfrac{14}{9} =$

⑦ $\dfrac{17}{8} =$

⑧ $\dfrac{19}{11} =$

⑨ $\dfrac{13}{10} =$

⑩ $\dfrac{18}{6} =$

⑪ $\dfrac{9}{5} =$

⑫ $\dfrac{11}{8} =$

⑬ $\dfrac{25}{9} =$

⑭ $\dfrac{19}{12} =$

⑮ $\dfrac{11}{2} =$

⑯ $\dfrac{20}{4} =$

⑰ $\dfrac{14}{3} =$

⑱ $\dfrac{28}{7} =$

⑲ $\dfrac{15}{15} =$

⑳ $\dfrac{23}{20} =$

2일차 대분수를 가분수로, 가분수를 대분수로 나타내기

★ 대분수 또는 자연수를 가분수로 나타내시오.

① $1\dfrac{6}{7} =$

② $2\dfrac{1}{4} =$

③ $3\dfrac{3}{10} =$

④ $1\dfrac{5}{6} =$

⑤ $2 = \dfrac{\square}{8}$

⑥ $4\dfrac{1}{3} =$

⑦ $3\dfrac{5}{9} =$

⑧ $6\dfrac{3}{5} =$

⑨ $4 = \dfrac{\square}{3}$

⑩ $1\dfrac{7}{16} =$

⑪ $2\dfrac{4}{11} =$

⑫ $5\dfrac{7}{8} =$

⑬ $1\dfrac{5}{21} =$

⑭ $2\dfrac{1}{18} =$

⑮ $5\dfrac{11}{12} =$

⑯ $3 = \dfrac{\square}{12}$

⑰ $3\dfrac{3}{14} =$

⑱ $6 = \dfrac{\square}{7}$

⑲ $2\dfrac{4}{15} =$

⑳ $6\dfrac{1}{6} =$

대분수를 가분수로, 가분수를 대분수로 나타내기

★ 가분수를 대분수 또는 자연수로 나타내시오.

① $\dfrac{15}{7} =$

② $\dfrac{7}{2} =$

③ $\dfrac{43}{10} =$

④ $\dfrac{9}{4} =$

⑤ $\dfrac{8}{3} =$

⑥ $\dfrac{23}{5} =$

⑦ $\dfrac{37}{12} =$

⑧ $\dfrac{48}{6} =$

⑨ $\dfrac{42}{14} =$

⑩ $\dfrac{18}{8} =$

⑪ $\dfrac{6}{5} =$

⑫ $\dfrac{17}{9} =$

⑬ $\dfrac{25}{11} =$

⑭ $\dfrac{24}{19} =$

⑮ $\dfrac{26}{8} =$

⑯ $\dfrac{19}{13} =$

⑰ $\dfrac{25}{22} =$

⑱ $\dfrac{33}{16} =$

⑲ $\dfrac{27}{9} =$

⑳ $\dfrac{26}{15} =$

★ 대분수 또는 자연수를 가분수로 나타내시오.

① $4\dfrac{1}{2} =$

② $2\dfrac{3}{7} =$

③ $1\dfrac{7}{12} =$

④ $2\dfrac{2}{9} =$

⑤ $2 = \dfrac{\square}{9}$

⑥ $3\dfrac{5}{8} =$

⑦ $4 = \dfrac{\square}{6}$

⑧ $5\dfrac{2}{5} =$

⑨ $6\dfrac{3}{4} =$

⑩ $2\dfrac{11}{20} =$

⑪ $1\dfrac{9}{13} =$

⑫ $7 = \dfrac{\square}{10}$

⑬ $6\dfrac{1}{3} =$

⑭ $5\dfrac{6}{11} =$

⑮ $2\dfrac{5}{14} =$

⑯ $3 = \dfrac{\square}{16}$

⑰ $3\dfrac{5}{6} =$

⑱ $2\dfrac{9}{10} =$

⑲ $1\dfrac{8}{15} =$

⑳ $1\dfrac{21}{25} =$

B형

날짜	월	일
시간	분	초
오답 수		/ 20

대분수를 가분수로, 가분수를 대분수로 나타내기

★ 가분수를 대분수 또는 자연수로 나타내시오.

① $\dfrac{13}{8} =$

② $\dfrac{16}{4} =$

③ $\dfrac{28}{3} =$

④ $\dfrac{34}{10} =$

⑤ $\dfrac{18}{2} =$

⑥ $\dfrac{45}{12} =$

⑦ $\dfrac{25}{17} =$

⑧ $\dfrac{102}{9} =$

⑨ $\dfrac{29}{6} =$

⑩ $\dfrac{50}{14} =$

⑪ $\dfrac{65}{7} =$

⑫ $\dfrac{32}{11} =$

⑬ $\dfrac{63}{5} =$

⑭ $\dfrac{65}{13} =$

⑮ $\dfrac{32}{7} =$

⑯ $\dfrac{19}{15} =$

⑰ $\dfrac{46}{21} =$

⑱ $\dfrac{49}{35} =$

⑲ $\dfrac{23}{18} =$

⑳ $\dfrac{32}{25} =$

4일차 대분수를 가분수로, 가분수를 대분수로 나타내기

★ 대분수 또는 자연수를 가분수로 나타내시오.

① $2\dfrac{2}{7} =$

② $1\dfrac{5}{13} =$

③ $8\dfrac{1}{4} =$

④ $3\dfrac{5}{11} =$

⑤ $5 = \dfrac{\square}{5}$

⑥ $4\dfrac{1}{8} =$

⑦ $1\dfrac{2}{15} =$

⑧ $2\dfrac{7}{22} =$

⑨ $5\dfrac{2}{3} =$

⑩ $6 = \dfrac{\square}{13}$

⑪ $1\dfrac{8}{19} =$

⑫ $2 = \dfrac{\square}{24}$

⑬ $3\dfrac{9}{16} =$

⑭ $4\dfrac{1}{12} =$

⑮ $5\dfrac{1}{6} =$

⑯ $1\dfrac{5}{32} =$

⑰ $2\dfrac{15}{17} =$

⑱ $4 = \dfrac{\square}{14}$

⑲ $5\dfrac{7}{10} =$

⑳ $3\dfrac{11}{18} =$

★ 가분수를 대분수 또는 자연수로 나타내시오.

① $\dfrac{18}{5} =$

② $\dfrac{71}{9} =$

③ $\dfrac{28}{13} =$

④ $\dfrac{49}{7} =$

⑤ $\dfrac{59}{16} =$

⑥ $\dfrac{99}{8} =$

⑦ $\dfrac{101}{11} =$

⑧ $\dfrac{84}{6} =$

⑨ $\dfrac{35}{2} =$

⑩ $\dfrac{23}{4} =$

⑪ $\dfrac{19}{3} =$

⑫ $\dfrac{56}{10} =$

⑬ $\dfrac{65}{12} =$

⑭ $\dfrac{79}{20} =$

⑮ $\dfrac{47}{19} =$

⑯ $\dfrac{33}{14} =$

⑰ $\dfrac{41}{25} =$

⑱ $\dfrac{45}{9} =$

⑲ $\dfrac{61}{18} =$

⑳ $\dfrac{125}{31} =$

5일차 대분수를 가분수로, 가분수를 대분수로 나타내기

★ 대분수 또는 자연수를 가분수로 나타내시오.

① $7\dfrac{4}{5} =$

② $2\dfrac{13}{21} =$

③ $3\dfrac{7}{8} =$

④ $4\dfrac{17}{20} =$

⑤ $1\dfrac{9}{35} =$

⑥ $5\dfrac{3}{13} =$

⑦ $2\dfrac{23}{24} =$

⑧ $3 = \dfrac{\boxed{}}{21}$

⑨ $10 = \dfrac{\boxed{}}{3}$

⑩ $8\dfrac{1}{7} =$

⑪ $4\dfrac{9}{14} =$

⑫ $8\dfrac{5}{6} =$

⑬ $12\dfrac{3}{11} =$

⑭ $9 = \dfrac{\boxed{}}{15}$

⑮ $4\dfrac{7}{23} =$

⑯ $20\dfrac{3}{4} =$

⑰ $6\dfrac{5}{12} =$

⑱ $12\dfrac{1}{16} =$

⑲ $5\dfrac{5}{18} =$

⑳ $7 = \dfrac{\boxed{}}{31}$

B 형

날짜	월	일
시간	분	초
오답 수	/ 20	

대분수를 가분수로, 가분수를 대분수로 나타내기

★ 가분수를 대분수 또는 자연수로 나타내시오.

① $\dfrac{29}{22} =$

② $\dfrac{37}{8} =$

③ $\dfrac{41}{6} =$

④ $\dfrac{47}{15} =$

⑤ $\dfrac{84}{4} =$

⑥ $\dfrac{75}{25} =$

⑦ $\dfrac{38}{17} =$

⑧ $\dfrac{58}{9} =$

⑨ $\dfrac{85}{7} =$

⑩ $\dfrac{95}{14} =$

⑪ $\dfrac{90}{5} =$

⑫ $\dfrac{133}{12} =$

⑬ $\dfrac{59}{28} =$

⑭ $\dfrac{103}{16} =$

⑮ $\dfrac{105}{35} =$

⑯ $\dfrac{67}{21} =$

⑰ $\dfrac{43}{31} =$

⑱ $\dfrac{57}{19} =$

⑲ $\dfrac{133}{3} =$

⑳ $\dfrac{90}{11} =$

072단계

분모가 같은 분수의 덧셈 ①

● **결과 기록지**

① 1~5일차 학습에 걸린 시간을 각각 재서 그래프에 점을 찍습니다.
② 점과 점을 연결하여 기록의 변화를 확인합니다.
③ 오답 수를 세어 오답 수 칸에 씁니다.

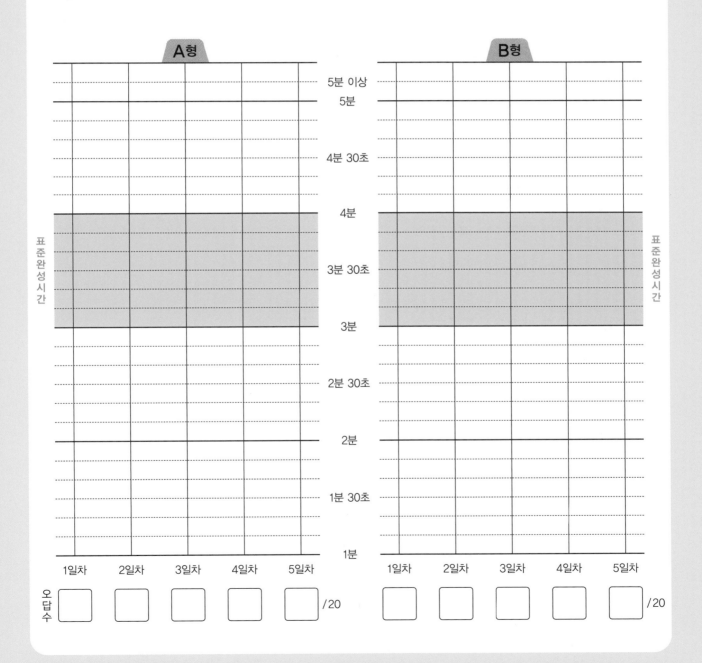

A형

B형

5분 이상
5분
4분 30초
4분
3분 30초
3분
2분 30초
2분
1분 30초
1분

표준완성시간

1일차 2일차 3일차 4일차 5일차

1일차 2일차 3일차 4일차 5일차

오답수 □ □ □ □ □ /20   □ □ □ □ □ /20

분모가 같은 분수의 덧셈 ①

● 분모가 같은 진분수의 덧셈

분모가 같은 진분수끼리의 덧셈은 분모는 그대로 쓰고, 분자끼리 더합니다.

> **결과가 진분수인 진분수의 덧셈의 예**
>
> $$\frac{2}{7} + \frac{3}{7} = \frac{2+3}{7} = \frac{5}{7}$$

● 분모가 같은 대분수의 덧셈

분모가 같은 대분수끼리의 덧셈은 다음과 같은 방법으로 계산합니다.
[방법1] 자연수는 자연수끼리, 분수는 분수끼리 더합니다.
[방법2] 대분수를 가분수로 바꾸어 계산한 후, 나온 결과를 다시 대분수로 바꾸어 나타냅니다.

> **분수끼리의 합이 진분수인 대분수의 덧셈의 예**
>
> [방법1] $1\frac{2}{5} + 2\frac{1}{5} = (1+2) + \left(\frac{2}{5} + \frac{1}{5}\right) = 3 + \frac{3}{5} = 3\frac{3}{5}$
>
> [방법2] $1\frac{2}{5} + 2\frac{1}{5} = \frac{7}{5} + \frac{11}{5} = \frac{7+11}{5} = \frac{18}{5} = 3\frac{3}{5}$

★ 분수의 덧셈을 하시오.

① $\dfrac{2}{5} + \dfrac{1}{5} =$

② $\dfrac{1}{3} + \dfrac{1}{3} =$

③ $\dfrac{3}{8} + \dfrac{2}{8} =$

④ $\dfrac{3}{10} + \dfrac{4}{10} =$

⑤ $\dfrac{5}{14} + \dfrac{8}{14} =$

⑥ $\dfrac{8}{21} + \dfrac{6}{21} =$

⑦ $\dfrac{4}{23} + \dfrac{11}{23} =$

⑧ $\dfrac{6}{19} + \dfrac{7}{19} =$

⑨ $\dfrac{3}{28} + \dfrac{19}{28} =$

⑩ $\dfrac{12}{30} + \dfrac{11}{30} =$

⑪ $\dfrac{1}{4} + \dfrac{2}{4} =$

⑫ $\dfrac{2}{6} + \dfrac{3}{6} =$

⑬ $\dfrac{4}{9} + \dfrac{3}{9} =$

⑭ $\dfrac{5}{12} + \dfrac{4}{12} =$

⑮ $\dfrac{3}{18} + \dfrac{9}{18} =$

⑯ $\dfrac{7}{22} + \dfrac{8}{22} =$

⑰ $\dfrac{11}{25} + \dfrac{5}{25} =$

⑱ $\dfrac{13}{31} + \dfrac{15}{31} =$

⑲ $\dfrac{8}{16} + \dfrac{1}{16} =$

⑳ $\dfrac{14}{35} + \dfrac{13}{35} =$

분모가 같은 분수의 덧셈 ①

★ 분수의 덧셈을 하시오.

① $2\dfrac{1}{3} + 1\dfrac{1}{3} =$

② $3\dfrac{2}{6} + 2\dfrac{3}{6} =$

③ $4\dfrac{1}{8} + 1\dfrac{6}{8} =$

④ $5\dfrac{7}{16} + 2\dfrac{5}{16} =$

⑤ $2\dfrac{4}{18} + 6\dfrac{9}{18} =$

⑥ $3\dfrac{11}{20} + 4\dfrac{3}{20} =$

⑦ $4\dfrac{13}{24} + 2\dfrac{6}{24} =$

⑧ $1\dfrac{9}{29} + 5\dfrac{15}{29} =$

⑨ $4\dfrac{13}{32} + 4\dfrac{14}{32} =$

⑩ $2\dfrac{8}{35} + 6\dfrac{11}{35} =$

⑪ $3\dfrac{2}{5} + 1\dfrac{2}{5} =$

⑫ $2\dfrac{4}{7} + 3\dfrac{1}{7} =$

⑬ $3\dfrac{5}{9} + 4\dfrac{2}{9} =$

⑭ $1\dfrac{3}{10} + 3\dfrac{4}{10} =$

⑮ $2\dfrac{7}{14} + 5\dfrac{3}{14} =$

⑯ $1\dfrac{4}{17} + 7\dfrac{5}{17} =$

⑰ $2\dfrac{10}{21} + 4\dfrac{6}{21} =$

⑱ $5\dfrac{12}{27} + 3\dfrac{7}{27} =$

⑲ $6\dfrac{8}{33} + 3\dfrac{15}{33} =$

⑳ $1\dfrac{23}{40} + 3\dfrac{16}{40} =$

분모가 같은 분수의 덧셈 ①

★ 분수의 덧셈을 하시오.

① $\dfrac{4}{11} + \dfrac{6}{11} =$

② $\dfrac{3}{7} + \dfrac{1}{7} =$

③ $\dfrac{6}{15} + \dfrac{6}{15} =$

④ $\dfrac{12}{20} + \dfrac{5}{20} =$

⑤ $\dfrac{8}{24} + \dfrac{9}{24} =$

⑥ $\dfrac{3}{13} + \dfrac{7}{13} =$

⑦ $\dfrac{6}{9} + \dfrac{2}{9} =$

⑧ $\dfrac{15}{34} + \dfrac{13}{34} =$

⑨ $\dfrac{23}{40} + \dfrac{11}{40} =$

⑩ $\dfrac{13}{56} + \dfrac{17}{56} =$

⑪ $\dfrac{4}{8} + \dfrac{2}{8} =$

⑫ $\dfrac{7}{17} + \dfrac{9}{17} =$

⑬ $\dfrac{14}{26} + \dfrac{5}{26} =$

⑭ $\dfrac{9}{18} + \dfrac{4}{18} =$

⑮ $\dfrac{7}{30} + \dfrac{16}{30} =$

⑯ $\dfrac{22}{38} + \dfrac{11}{38} =$

⑰ $\dfrac{35}{52} + \dfrac{13}{52} =$

⑱ $\dfrac{12}{41} + \dfrac{15}{41} =$

⑲ $\dfrac{16}{23} + \dfrac{4}{23} =$

⑳ $\dfrac{18}{63} + \dfrac{32}{63} =$

● 표준완성시간 : 3~4분

날짜	월	일
시간	분	초
오답 수	/	20

분모가 같은 분수의 덧셈 ①

★ 분수의 덧셈을 하시오.

① $1\dfrac{1}{4} + 2\dfrac{2}{4} =$

② $3\dfrac{5}{12} + 1\dfrac{2}{12} =$

③ $2\dfrac{2}{7} + 1\dfrac{3}{7} =$

④ $1\dfrac{6}{13} + 3\dfrac{2}{13} =$

⑤ $2\dfrac{8}{22} + 4\dfrac{11}{22} =$

⑥ $1\dfrac{13}{26} + 2\dfrac{9}{26} =$

⑦ $4\dfrac{2}{19} + 2\dfrac{16}{19} =$

⑧ $1\dfrac{7}{28} + 4\dfrac{8}{28} =$

⑨ $2\dfrac{19}{31} + 2\dfrac{4}{31} =$

⑩ $1\dfrac{16}{38} + 1\dfrac{13}{38} =$

⑪ $1\dfrac{3}{8} + 4\dfrac{2}{8} =$

⑫ $2\dfrac{1}{10} + 3\dfrac{7}{10} =$

⑬ $3\dfrac{6}{15} + 1\dfrac{7}{15} =$

⑭ $4\dfrac{12}{30} + 1\dfrac{15}{30} =$

⑮ $1\dfrac{9}{34} + 2\dfrac{20}{34} =$

⑯ $5\dfrac{4}{11} + 2\dfrac{5}{11} =$

⑰ $2\dfrac{10}{27} + 3\dfrac{13}{27} =$

⑱ $3\dfrac{3}{14} + 4\dfrac{5}{14} =$

⑲ $5\dfrac{6}{20} + 1\dfrac{11}{20} =$

⑳ $2\dfrac{7}{36} + 1\dfrac{15}{36} =$

분모가 같은 분수의 덧셈 ①

★ 분수의 덧셈을 하시오.

① $\dfrac{1}{6} + \dfrac{3}{6} =$

② $\dfrac{6}{12} + \dfrac{2}{12} =$

③ $\dfrac{6}{14} + \dfrac{3}{14} =$

④ $\dfrac{12}{21} + \dfrac{5}{21} =$

⑤ $\dfrac{14}{32} + \dfrac{15}{32} =$

⑥ $\dfrac{6}{27} + \dfrac{11}{27} =$

⑦ $\dfrac{2}{7} + \dfrac{4}{7} =$

⑧ $\dfrac{3}{15} + \dfrac{8}{15} =$

⑨ $\dfrac{18}{25} + \dfrac{4}{25} =$

⑩ $\dfrac{18}{42} + \dfrac{23}{42} =$

⑪ $\dfrac{5}{16} + \dfrac{7}{16} =$

⑫ $\dfrac{3}{9} + \dfrac{2}{9} =$

⑬ $\dfrac{9}{19} + \dfrac{3}{19} =$

⑭ $\dfrac{12}{29} + \dfrac{14}{29} =$

⑮ $\dfrac{11}{33} + \dfrac{16}{33} =$

⑯ $\dfrac{9}{11} + \dfrac{1}{11} =$

⑰ $\dfrac{7}{20} + \dfrac{12}{20} =$

⑱ $\dfrac{20}{38} + \dfrac{6}{38} =$

⑲ $\dfrac{27}{51} + \dfrac{15}{51} =$

⑳ $\dfrac{44}{80} + \dfrac{29}{80} =$

날짜	월	일
시간	분	초
오답 수	/ 20	

B형

분모가 같은 분수의 덧셈 ①

★ 분수의 덧셈을 하시오.

① $2\dfrac{3}{16} + 4\dfrac{8}{16} =$

⑪ $3\dfrac{5}{18} + 1\dfrac{12}{18} =$

② $1\dfrac{3}{5} + 2\dfrac{1}{5} =$

⑫ $2\dfrac{2}{8} + 3\dfrac{5}{8} =$

③ $2\dfrac{4}{13} + 3\dfrac{6}{13} =$

⑬ $1\dfrac{6}{11} + 5\dfrac{3}{11} =$

④ $3\dfrac{9}{21} + 1\dfrac{10}{21} =$

⑭ $4\dfrac{7}{14} + 1\dfrac{6}{14} =$

⑤ $3\dfrac{14}{25} + 2\dfrac{6}{25} =$

⑮ $1\dfrac{4}{20} + 2\dfrac{12}{20} =$

⑥ $1\dfrac{15}{33} + 1\dfrac{11}{33} =$

⑯ $4\dfrac{10}{26} + 2\dfrac{14}{26} =$

⑦ $2\dfrac{7}{23} + 5\dfrac{13}{23} =$

⑰ $1\dfrac{10}{15} + 4\dfrac{2}{15} =$

⑧ $4\dfrac{6}{17} + 3\dfrac{5}{17} =$

⑱ $2\dfrac{13}{28} + 3\dfrac{6}{28} =$

⑨ $2\dfrac{3}{9} + 2\dfrac{5}{9} =$

⑲ $4\dfrac{1}{7} + 4\dfrac{5}{7} =$

⑩ $1\dfrac{16}{29} + 3\dfrac{8}{29} =$

⑳ $2\dfrac{21}{32} + 4\dfrac{6}{32} =$

분모가 같은 분수의 덧셈 ①

★ 분수의 덧셈을 하시오.

① $\dfrac{2}{8} + \dfrac{5}{8} =$

② $\dfrac{8}{13} + \dfrac{4}{13} =$

③ $\dfrac{6}{17} + \dfrac{4}{17} =$

④ $\dfrac{10}{22} + \dfrac{6}{22} =$

⑤ $\dfrac{4}{15} + \dfrac{7}{15} =$

⑥ $\dfrac{11}{24} + \dfrac{7}{24} =$

⑦ $\dfrac{12}{31} + \dfrac{9}{31} =$

⑧ $\dfrac{6}{36} + \dfrac{13}{36} =$

⑨ $\dfrac{20}{43} + \dfrac{15}{43} =$

⑩ $\dfrac{44}{64} + \dfrac{11}{64} =$

⑪ $\dfrac{7}{10} + \dfrac{2}{10} =$

⑫ $\dfrac{4}{26} + \dfrac{12}{26} =$

⑬ $\dfrac{5}{12} + \dfrac{3}{12} =$

⑭ $\dfrac{1}{6} + \dfrac{4}{6} =$

⑮ $\dfrac{7}{18} + \dfrac{8}{18} =$

⑯ $\dfrac{15}{28} + \dfrac{7}{28} =$

⑰ $\dfrac{18}{34} + \dfrac{6}{34} =$

⑱ $\dfrac{25}{37} + \dfrac{10}{37} =$

⑲ $\dfrac{16}{53} + \dfrac{33}{53} =$

⑳ $\dfrac{22}{74} + \dfrac{38}{74} =$

날짜	월	일
시간	분	초
오답 수	/ 20	

분모가 같은 분수의 덧셈 ①

★ 분수의 덧셈을 하시오.

① $2\dfrac{4}{6} + 5\dfrac{1}{6} =$

② $1\dfrac{6}{12} + 2\dfrac{4}{12} =$

③ $3\dfrac{13}{19} + 2\dfrac{4}{19} =$

④ $2\dfrac{7}{22} + 2\dfrac{12}{22} =$

⑤ $4\dfrac{8}{24} + 1\dfrac{10}{24} =$

⑥ $4\dfrac{2}{10} + 2\dfrac{6}{10} =$

⑦ $2\dfrac{2}{4} + 3\dfrac{1}{4} =$

⑧ $5\dfrac{19}{27} + 1\dfrac{6}{27} =$

⑨ $3\dfrac{15}{30} + 3\dfrac{9}{30} =$

⑩ $6\dfrac{7}{16} + 3\dfrac{8}{16} =$

⑪ $3\dfrac{4}{9} + 4\dfrac{4}{9} =$

⑫ $1\dfrac{2}{11} + 3\dfrac{8}{11} =$

⑬ $2\dfrac{5}{21} + 4\dfrac{8}{21} =$

⑭ $2\dfrac{16}{31} + 3\dfrac{12}{31} =$

⑮ $2\dfrac{4}{15} + 6\dfrac{9}{15} =$

⑯ $4\dfrac{6}{18} + 3\dfrac{11}{18} =$

⑰ $3\dfrac{9}{25} + 4\dfrac{12}{25} =$

⑱ $1\dfrac{17}{34} + 4\dfrac{14}{34} =$

⑲ $2\dfrac{24}{42} + 1\dfrac{13}{42} =$

⑳ $3\dfrac{12}{26} + 1\dfrac{7}{26} =$

분모가 같은 분수의 덧셈 ①

★ 분수의 덧셈을 하시오.

① $\dfrac{1}{5} + \dfrac{3}{5} =$

② $\dfrac{3}{11} + \dfrac{7}{11} =$

③ $\dfrac{7}{14} + \dfrac{4}{14} =$

④ $\dfrac{10}{19} + \dfrac{8}{19} =$

⑤ $\dfrac{8}{23} + \dfrac{12}{23} =$

⑥ $\dfrac{14}{27} + \dfrac{7}{27} =$

⑦ $\dfrac{14}{30} + \dfrac{15}{30} =$

⑧ $\dfrac{7}{32} + \dfrac{9}{32} =$

⑨ $\dfrac{13}{25} + \dfrac{8}{25} =$

⑩ $\dfrac{27}{44} + \dfrac{12}{44} =$

⑪ $\dfrac{7}{9} + \dfrac{1}{9} =$

⑫ $\dfrac{5}{13} + \dfrac{6}{13} =$

⑬ $\dfrac{4}{16} + \dfrac{9}{16} =$

⑭ $\dfrac{13}{21} + \dfrac{3}{21} =$

⑮ $\dfrac{20}{29} + \dfrac{5}{29} =$

⑯ $\dfrac{22}{35} + \dfrac{7}{35} =$

⑰ $\dfrac{33}{50} + \dfrac{14}{50} =$

⑱ $\dfrac{19}{39} + \dfrac{8}{39} =$

⑲ $\dfrac{29}{68} + \dfrac{17}{68} =$

⑳ $\dfrac{23}{84} + \dfrac{50}{84} =$

분모가 같은 분수의 덧셈 ①

★ 분수의 덧셈을 하시오.

① $1\dfrac{2}{7} + 3\dfrac{4}{7} =$

② $4\dfrac{7}{13} + 1\dfrac{3}{13} =$

③ $2\dfrac{8}{20} + 4\dfrac{6}{20} =$

④ $3\dfrac{12}{23} + 1\dfrac{8}{23} =$

⑤ $1\dfrac{9}{17} + 2\dfrac{3}{17} =$

⑥ $5\dfrac{14}{29} + 1\dfrac{5}{29} =$

⑦ $1\dfrac{20}{35} + 3\dfrac{9}{35} =$

⑧ $2\dfrac{4}{14} + 1\dfrac{8}{14} =$

⑨ $5\dfrac{4}{8} + 3\dfrac{2}{8} =$

⑩ $2\dfrac{8}{18} + 3\dfrac{7}{18} =$

⑪ $3\dfrac{5}{10} + 2\dfrac{4}{10} =$

⑫ $4\dfrac{19}{28} + 3\dfrac{6}{28} =$

⑬ $1\dfrac{15}{32} + 4\dfrac{10}{32} =$

⑭ $2\dfrac{16}{21} + 1\dfrac{3}{21} =$

⑮ $2\dfrac{3}{12} + 5\dfrac{8}{12} =$

⑯ $4\dfrac{13}{22} + 2\dfrac{6}{22} =$

⑰ $1\dfrac{10}{25} + 4\dfrac{7}{25} =$

⑱ $2\dfrac{1}{9} + 5\dfrac{6}{9} =$

⑲ $3\dfrac{4}{16} + 2\dfrac{9}{16} =$

⑳ $3\dfrac{8}{27} + 4\dfrac{14}{27} =$

분모가 같은 분수의 덧셈 ②

● 결과 기록지

① 1~5일차 학습에 걸린 시간을 각각 재서 그래프에 점을 찍습니다.

② 점과 점을 연결하여 기록의 변화를 확인합니다.

③ 오답 수를 세어 오답 수 칸에 씁니다.

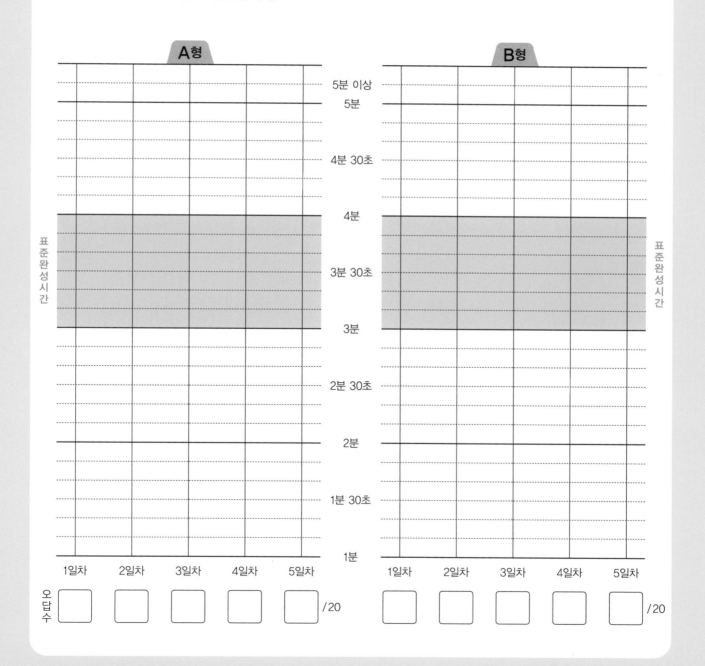

분모가 같은 분수의 덧셈 ②

● 분모가 같은 진분수의 덧셈

분모가 같은 진분수끼리의 덧셈은 분모는 그대로 쓰고, 분자끼리 더합니다.
이때 결과가 가분수이면 대분수로 바꾸어 나타냅니다.

> **결과가 가분수인 진분수의 덧셈의 예**
>
> $$\frac{2}{4} + \frac{3}{4} = \frac{2+3}{4} = \frac{5}{4} = 1\frac{1}{4}$$

● 분모가 같은 대분수의 덧셈

분모가 같은 대분수끼리의 덧셈은 다음과 같은 방법으로 계산합니다.
[방법1] 자연수는 자연수끼리, 분수는 분수끼리 더합니다. 분수끼리의 합이 가분수일 때에는 가분수를 대분수로 바꾸어 자연수와 더하여 나타냅니다.
[방법2] 대분수를 가분수로 바꾸어 계산한 후, 나온 결과를 다시 대분수로 바꾸어 나타냅니다.

> **분수끼리의 합이 가분수인 대분수의 덧셈의 예**
>
> $$[\text{방법1}]\ 2\frac{5}{9} + 1\frac{7}{9} = (2+1) + \left(\frac{5}{9} + \frac{7}{9}\right) = 3 + \frac{12}{9}$$
>
> $$= 3 + 1\frac{3}{9} = 4\frac{3}{9}$$
>
> $$[\text{방법2}]\ 2\frac{5}{9} + 1\frac{7}{9} = \frac{23}{9} + \frac{16}{9} = \frac{23+16}{9} = \frac{39}{9} = 4\frac{3}{9}$$

분모가 같은 분수의 덧셈 ②

★ 분수의 덧셈을 하고, 계산 결과가 가분수이면 대분수로 나타내시오.

① $\dfrac{2}{4} + \dfrac{3}{4} =$

② $\dfrac{4}{6} + \dfrac{5}{6} =$

③ $\dfrac{4}{8} + \dfrac{7}{8} =$

④ $\dfrac{6}{11} + \dfrac{6}{11} =$

⑤ $\dfrac{10}{17} + \dfrac{12}{17} =$

⑥ $\dfrac{13}{24} + \dfrac{19}{24} =$

⑦ $\dfrac{18}{32} + \dfrac{20}{32} =$

⑧ $\dfrac{8}{13} + \dfrac{12}{13} =$

⑨ $\dfrac{12}{15} + \dfrac{4}{15} =$

⑩ $\dfrac{23}{29} + \dfrac{14}{29} =$

⑪ $\dfrac{1}{2} + \dfrac{1}{2} =$

⑫ $\dfrac{5}{7} + \dfrac{4}{7} =$

⑬ $\dfrac{6}{9} + \dfrac{8}{9} =$

⑭ $\dfrac{7}{10} + \dfrac{7}{10} =$

⑮ $\dfrac{13}{16} + \dfrac{12}{16} =$

⑯ $\dfrac{19}{20} + \dfrac{3}{20} =$

⑰ $\dfrac{27}{35} + \dfrac{20}{35} =$

⑱ $\dfrac{5}{12} + \dfrac{9}{12} =$

⑲ $\dfrac{19}{22} + \dfrac{11}{22} =$

⑳ $\dfrac{15}{31} + \dfrac{22}{31} =$

날짜	월	일
시간	분	초
오답 수	/ 20	

B형

분모가 같은 분수의 덧셈 ②

★ 분수의 덧셈을 하시오.

① $1\dfrac{3}{4} + 2\dfrac{2}{4} =$

② $2\dfrac{6}{7} + 4\dfrac{3}{7} =$

③ $3\dfrac{7}{9} + 2\dfrac{5}{9} =$

④ $4\dfrac{8}{12} + 2\dfrac{7}{12} =$

⑤ $1\dfrac{10}{15} + 4\dfrac{11}{15} =$

⑥ $5\dfrac{16}{19} + 2\dfrac{8}{19} =$

⑦ $3\dfrac{15}{22} + 4\dfrac{13}{22} =$

⑧ $2\dfrac{19}{25} + 6\dfrac{7}{25} =$

⑨ $3\dfrac{16}{31} + 2\dfrac{18}{31} =$

⑩ $4\dfrac{13}{37} + 3\dfrac{29}{37} =$

⑪ $2\dfrac{2}{3} + 3\dfrac{2}{3} =$

⑫ $3\dfrac{5}{6} + 1\dfrac{4}{6} =$

⑬ $1\dfrac{5}{8} + 3\dfrac{7}{8} =$

⑭ $2\dfrac{9}{11} + 6\dfrac{6}{11} =$

⑮ $2\dfrac{4}{13} + 5\dfrac{11}{13} =$

⑯ $3\dfrac{13}{18} + 3\dfrac{9}{18} =$

⑰ $2\dfrac{12}{23} + 3\dfrac{16}{23} =$

⑱ $5\dfrac{15}{26} + 4\dfrac{12}{26} =$

⑲ $5\dfrac{24}{30} + 3\dfrac{13}{30} =$

⑳ $2\dfrac{30}{39} + 4\dfrac{15}{39} =$

분모가 같은 분수의 덧셈 ②

★ 분수의 덧셈을 하고, 계산 결과가 가분수이면 대분수로 나타내시오.

① $\dfrac{2}{3} + \dfrac{2}{3} =$

② $\dfrac{3}{6} + \dfrac{4}{6} =$

③ $\dfrac{8}{14} + \dfrac{11}{14} =$

④ $\dfrac{6}{10} + \dfrac{8}{10} =$

⑤ $\dfrac{7}{18} + \dfrac{14}{18} =$

⑥ $\dfrac{18}{21} + \dfrac{20}{21} =$

⑦ $\dfrac{19}{30} + \dfrac{17}{30} =$

⑧ $\dfrac{7}{8} + \dfrac{6}{8} =$

⑨ $\dfrac{21}{25} + \dfrac{13}{25} =$

⑩ $\dfrac{31}{38} + \dfrac{15}{38} =$

⑪ $\dfrac{7}{11} + \dfrac{10}{11} =$

⑫ $\dfrac{15}{19} + \dfrac{17}{19} =$

⑬ $\dfrac{14}{22} + \dfrac{9}{22} =$

⑭ $\dfrac{5}{7} + \dfrac{6}{7} =$

⑮ $\dfrac{6}{12} + \dfrac{11}{12} =$

⑯ $\dfrac{14}{20} + \dfrac{10}{20} =$

⑰ $\dfrac{22}{27} + \dfrac{16}{27} =$

⑱ $\dfrac{26}{33} + \dfrac{19}{33} =$

⑲ $\dfrac{9}{16} + \dfrac{11}{16} =$

⑳ $\dfrac{4}{5} + \dfrac{4}{5} =$

B형

날짜	월	일
시간	분	초
오답 수		/ 20

분모가 같은 분수의 덧셈 ②

★ 분수의 덧셈을 하시오.

① $2\dfrac{3}{5} + 1\dfrac{4}{5} =$

② $3\dfrac{7}{10} + 2\dfrac{6}{10} =$

③ $1\dfrac{5}{7} + 4\dfrac{5}{7} =$

④ $1\dfrac{20}{28} + 5\dfrac{15}{28} =$

⑤ $2\dfrac{8}{16} + 3\dfrac{14}{16} =$

⑥ $3\dfrac{16}{21} + 1\dfrac{14}{21} =$

⑦ $2\dfrac{21}{27} + 4\dfrac{15}{27} =$

⑧ $1\dfrac{12}{17} + 3\dfrac{10}{17} =$

⑨ $4\dfrac{19}{20} + 1\dfrac{8}{20} =$

⑩ $2\dfrac{25}{32} + 2\dfrac{18}{32} =$

⑪ $1\dfrac{6}{8} + 3\dfrac{5}{8} =$

⑫ $1\dfrac{9}{14} + 1\dfrac{12}{14} =$

⑬ $2\dfrac{16}{24} + 1\dfrac{17}{24} =$

⑭ $1\dfrac{28}{31} + 2\dfrac{12}{31} =$

⑮ $2\dfrac{10}{12} + 3\dfrac{9}{12} =$

⑯ $1\dfrac{20}{22} + 6\dfrac{7}{22} =$

⑰ $1\dfrac{14}{18} + 2\dfrac{16}{18} =$

⑱ $5\dfrac{8}{9} + 2\dfrac{6}{9} =$

⑲ $4\dfrac{11}{15} + 2\dfrac{8}{15} =$

⑳ $1\dfrac{17}{25} + 3\dfrac{14}{25} =$

분모가 같은 분수의 덧셈 ②

★ 분수의 덧셈을 하고, 계산 결과가 가분수이면 대분수로 나타내시오.

① $\dfrac{8}{15} + \dfrac{13}{15} =$

② $\dfrac{4}{9} + \dfrac{6}{9} =$

③ $\dfrac{8}{23} + \dfrac{20}{23} =$

④ $\dfrac{19}{26} + \dfrac{14}{26} =$

⑤ $\dfrac{12}{17} + \dfrac{14}{17} =$

⑥ $\dfrac{17}{30} + \dfrac{13}{30} =$

⑦ $\dfrac{4}{12} + \dfrac{11}{12} =$

⑧ $\dfrac{3}{7} + \dfrac{5}{7} =$

⑨ $\dfrac{20}{21} + \dfrac{14}{21} =$

⑩ $\dfrac{15}{18} + \dfrac{10}{18} =$

⑪ $\dfrac{3}{5} + \dfrac{2}{5} =$

⑫ $\dfrac{6}{13} + \dfrac{12}{13} =$

⑬ $\dfrac{18}{20} + \dfrac{7}{20} =$

⑭ $\dfrac{11}{25} + \dfrac{22}{25} =$

⑮ $\dfrac{24}{36} + \dfrac{20}{36} =$

⑯ $\dfrac{13}{14} + \dfrac{9}{14} =$

⑰ $\dfrac{17}{24} + \dfrac{15}{24} =$

⑱ $\dfrac{16}{28} + \dfrac{19}{28} =$

⑲ $\dfrac{25}{33} + \dfrac{14}{33} =$

⑳ $\dfrac{9}{10} + \dfrac{8}{10} =$

분모가 같은 분수의 덧셈 ②

★ 분수의 덧셈을 하시오.

① $2\dfrac{3}{4} + 5\dfrac{3}{4} =$

② $1\dfrac{8}{11} + 3\dfrac{10}{11} =$

③ $3\dfrac{17}{19} + 2\dfrac{8}{19} =$

④ $1\dfrac{4}{6} + 2\dfrac{3}{6} =$

⑤ $2\dfrac{19}{23} + 1\dfrac{12}{23} =$

⑥ $4\dfrac{7}{13} + 1\dfrac{11}{13} =$

⑦ $1\dfrac{16}{20} + 4\dfrac{14}{20} =$

⑧ $2\dfrac{8}{9} + 4\dfrac{5}{9} =$

⑨ $2\dfrac{23}{26} + 2\dfrac{13}{26} =$

⑩ $5\dfrac{19}{30} + 1\dfrac{26}{30} =$

⑪ $3\dfrac{14}{17} + 3\dfrac{6}{17} =$

⑫ $2\dfrac{20}{21} + 3\dfrac{7}{21} =$

⑬ $3\dfrac{25}{29} + 1\dfrac{15}{29} =$

⑭ $1\dfrac{22}{34} + 1\dfrac{30}{34} =$

⑮ $1\dfrac{7}{8} + 5\dfrac{4}{8} =$

⑯ $2\dfrac{6}{14} + 4\dfrac{13}{14} =$

⑰ $3\dfrac{10}{24} + 4\dfrac{18}{24} =$

⑱ $3\dfrac{7}{16} + 4\dfrac{14}{16} =$

⑲ $4\dfrac{28}{35} + 2\dfrac{12}{35} =$

⑳ $6\dfrac{9}{12} + 2\dfrac{11}{12} =$

분모가 같은 분수의 덧셈 ②

★ 분수의 덧셈을 하고, 계산 결과가 가분수이면 대분수로 나타내시오.

① $\dfrac{3}{6} + \dfrac{5}{6} =$

② $\dfrac{8}{11} + \dfrac{9}{11} =$

③ $\dfrac{5}{8} + \dfrac{5}{8} =$

④ $\dfrac{9}{16} + \dfrac{11}{16} =$

⑤ $\dfrac{13}{19} + \dfrac{9}{19} =$

⑥ $\dfrac{8}{25} + \dfrac{17}{25} =$

⑦ $\dfrac{24}{31} + \dfrac{17}{31} =$

⑧ $\dfrac{12}{14} + \dfrac{7}{14} =$

⑨ $\dfrac{8}{9} + \dfrac{7}{9} =$

⑩ $\dfrac{10}{12} + \dfrac{7}{12} =$

⑪ $\dfrac{11}{21} + \dfrac{15}{21} =$

⑫ $\dfrac{24}{29} + \dfrac{19}{29} =$

⑬ $\dfrac{18}{34} + \dfrac{22}{34} =$

⑭ $\dfrac{18}{27} + \dfrac{15}{27} =$

⑮ $\dfrac{30}{32} + \dfrac{7}{32} =$

⑯ $\dfrac{21}{23} + \dfrac{11}{23} =$

⑰ $\dfrac{15}{17} + \dfrac{16}{17} =$

⑱ $\dfrac{7}{10} + \dfrac{3}{10} =$

⑲ $\dfrac{9}{15} + \dfrac{11}{15} =$

⑳ $\dfrac{13}{20} + \dfrac{16}{20} =$

★ 분수의 덧셈을 하시오.

① $2\dfrac{9}{15} + 3\dfrac{9}{15} =$

② $4\dfrac{2}{5} + 3\dfrac{3}{5} =$

③ $1\dfrac{8}{10} + 3\dfrac{5}{10} =$

④ $2\dfrac{18}{22} + 1\dfrac{16}{22} =$

⑤ $2\dfrac{4}{7} + 3\dfrac{6}{7} =$

⑥ $1\dfrac{15}{18} + 4\dfrac{12}{18} =$

⑦ $4\dfrac{21}{25} + 2\dfrac{8}{25} =$

⑧ $3\dfrac{18}{28} + 2\dfrac{17}{28} =$

⑨ $2\dfrac{26}{33} + 5\dfrac{14}{33} =$

⑩ $3\dfrac{9}{13} + 1\dfrac{8}{13} =$

⑪ $5\dfrac{17}{20} + 2\dfrac{12}{20} =$

⑫ $2\dfrac{9}{16} + 4\dfrac{7}{16} =$

⑬ $3\dfrac{7}{8} + 4\dfrac{6}{8} =$

⑭ $4\dfrac{8}{14} + 2\dfrac{11}{14} =$

⑮ $1\dfrac{20}{27} + 5\dfrac{13}{27} =$

⑯ $4\dfrac{8}{17} + 3\dfrac{14}{17} =$

⑰ $2\dfrac{10}{11} + 4\dfrac{9}{11} =$

⑱ $2\dfrac{17}{23} + 4\dfrac{15}{23} =$

⑲ $2\dfrac{14}{29} + 1\dfrac{23}{29} =$

⑳ $1\dfrac{15}{19} + 3\dfrac{14}{19} =$

분모가 같은 분수의 덧셈 ②

★ 분수의 덧셈을 하고, 계산 결과가 가분수이면 대분수로 나타내시오.

① $\dfrac{7}{13} + \dfrac{9}{13} =$

⑪ $\dfrac{4}{5} + \dfrac{3}{5} =$

② $\dfrac{11}{18} + \dfrac{17}{18} =$

⑫ $\dfrac{14}{16} + \dfrac{15}{16} =$

③ $\dfrac{8}{22} + \dfrac{18}{22} =$

⑬ $\dfrac{16}{19} + \dfrac{18}{19} =$

④ $\dfrac{6}{7} + \dfrac{3}{7} =$

⑭ $\dfrac{25}{27} + \dfrac{14}{27} =$

⑤ $\dfrac{16}{30} + \dfrac{25}{30} =$

⑮ $\dfrac{22}{33} + \dfrac{16}{33} =$

⑥ $\dfrac{21}{24} + \dfrac{20}{24} =$

⑯ $\dfrac{13}{17} + \dfrac{9}{17} =$

⑦ $\dfrac{17}{26} + \dfrac{15}{26} =$

⑰ $\dfrac{19}{25} + \dfrac{23}{25} =$

⑧ $\dfrac{10}{15} + \dfrac{14}{15} =$

⑱ $\dfrac{8}{12} + \dfrac{10}{12} =$

⑨ $\dfrac{5}{10} + \dfrac{9}{10} =$

⑲ $\dfrac{9}{14} + \dfrac{10}{14} =$

⑩ $\dfrac{22}{28} + \dfrac{25}{28} =$

⑳ $\dfrac{31}{35} + \dfrac{19}{35} =$

날짜	월 일
시간	분 초
오답 수	/ 20

분모가 같은 분수의 덧셈 ②

★ 분수의 덧셈을 하시오.

① $2\dfrac{2}{6} + 3\dfrac{5}{6} =$

② $1\dfrac{7}{9} + 4\dfrac{8}{9} =$

③ $3\dfrac{6}{12} + 4\dfrac{10}{12} =$

④ $4\dfrac{18}{21} + 2\dfrac{13}{21} =$

⑤ $1\dfrac{12}{15} + 2\dfrac{7}{15} =$

⑥ $3\dfrac{11}{26} + 1\dfrac{24}{26} =$

⑦ $2\dfrac{18}{30} + 2\dfrac{23}{30} =$

⑧ $4\dfrac{8}{18} + 3\dfrac{17}{18} =$

⑨ $2\dfrac{22}{28} + 4\dfrac{19}{28} =$

⑩ $3\dfrac{21}{24} + 2\dfrac{14}{24} =$

⑪ $1\dfrac{12}{13} + 3\dfrac{6}{13} =$

⑫ $3\dfrac{13}{20} + 1\dfrac{7}{20} =$

⑬ $4\dfrac{5}{7} + 1\dfrac{6}{7} =$

⑭ $2\dfrac{12}{25} + 5\dfrac{20}{25} =$

⑮ $1\dfrac{9}{10} + 5\dfrac{1}{10} =$

⑯ $1\dfrac{24}{31} + 1\dfrac{16}{31} =$

⑰ $2\dfrac{17}{22} + 2\dfrac{8}{22} =$

⑱ $3\dfrac{15}{16} + 2\dfrac{8}{16} =$

⑲ $5\dfrac{9}{19} + 4\dfrac{15}{19} =$

⑳ $2\dfrac{23}{27} + 3\dfrac{9}{27} =$

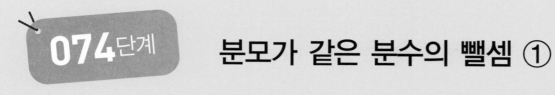

분모가 같은 분수의 뺄셈 ①

074단계

● 결과 기록지

① 1~5일차 학습에 걸린 시간을 각각 재서 그래프에 점을 찍습니다.
② 점과 점을 연결하여 기록의 변화를 확인합니다.
③ 오답 수를 세어 오답 수 칸에 씁니다.

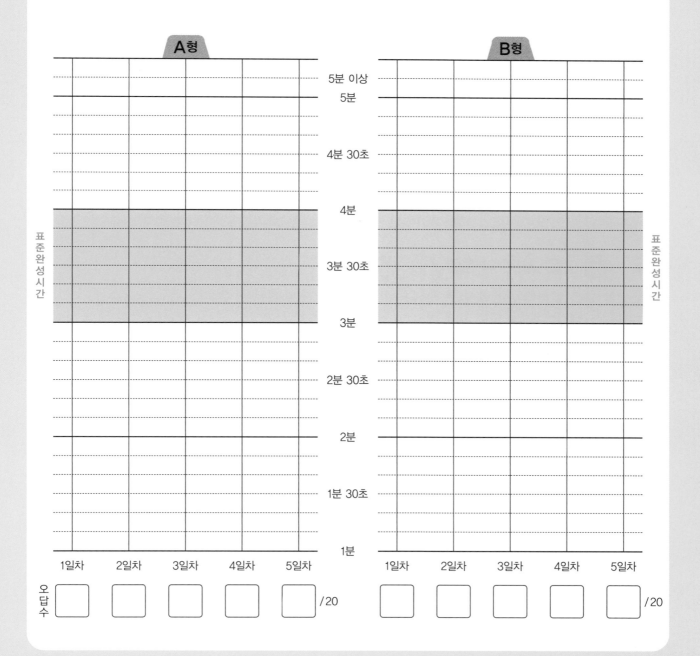

분모가 같은 분수의 뺄셈 ①

● 분모가 같은 진분수의 뺄셈

분모가 같은 진분수끼리의 뺄셈은 분모는 그대로 쓰고, 분자끼리 뺍니다.

> **진분수의 뺄셈의 예**
>
> $$\frac{6}{8} - \frac{1}{8} = \frac{6-1}{8} = \frac{5}{8}$$

● 분모가 같은 대분수의 뺄셈

분모가 같은 대분수끼리의 뺄셈은 다음과 같은 방법으로 계산합니다.
[방법1] 자연수는 자연수끼리, 분수는 분수끼리 뺍니다.
[방법2] 대분수를 가분수로 바꾸어 계산한 후, 나온 결과를 다시 대분수로 바꾸어 나타냅니다.

> **분수끼리 뺄 수 있는 대분수의 뺄셈의 예**
>
> [방법1] $4\frac{5}{7} - 2\frac{2}{7} = (4-2) + \left(\frac{5}{7} - \frac{2}{7}\right) = 2 + \frac{3}{7} = 2\frac{3}{7}$
>
> [방법2] $4\frac{5}{7} - 2\frac{2}{7} = \frac{33}{7} - \frac{16}{7} = \frac{33-16}{7} = \frac{17}{7} = 2\frac{3}{7}$

분모가 같은 분수의 뺄셈 ①

★ 분수의 뺄셈을 하시오.

① $\dfrac{3}{4} - \dfrac{1}{4} =$

⑪ $\dfrac{4}{5} - \dfrac{3}{5} =$

② $\dfrac{6}{9} - \dfrac{2}{9} =$

⑫ $\dfrac{7}{8} - \dfrac{4}{8} =$

③ $\dfrac{6}{7} - \dfrac{3}{7} =$

⑬ $\dfrac{7}{10} - \dfrac{2}{10} =$

④ $\dfrac{8}{11} - \dfrac{4}{11} =$

⑭ $\dfrac{10}{13} - \dfrac{5}{13} =$

⑤ $\dfrac{13}{15} - \dfrac{7}{15} =$

⑮ $\dfrac{11}{17} - \dfrac{6}{17} =$

⑥ $\dfrac{15}{19} - \dfrac{11}{19} =$

⑯ $\dfrac{22}{25} - \dfrac{18}{25} =$

⑦ $\dfrac{16}{24} - \dfrac{9}{24} =$

⑰ $\dfrac{16}{28} - \dfrac{8}{28} =$

⑧ $\dfrac{18}{21} - \dfrac{14}{21} =$

⑱ $\dfrac{26}{31} - \dfrac{18}{31} =$

⑨ $\dfrac{25}{30} - \dfrac{16}{30} =$

⑲ $\dfrac{14}{33} - \dfrac{9}{33} =$

⑩ $\dfrac{30}{34} - \dfrac{22}{34} =$

⑳ $\dfrac{32}{40} - \dfrac{17}{40} =$

B형

날짜	월	일
시간	분	초
오답 수	/ 20	

분모가 같은 분수의 뺄셈 ①

★ 분수의 뺄셈을 하시오.

① $2\dfrac{5}{6} - 1\dfrac{4}{6} =$

② $4\dfrac{2}{3} - 1\dfrac{1}{3} =$

③ $3\dfrac{5}{7} - 2\dfrac{2}{7} =$

④ $5\dfrac{6}{10} - 3\dfrac{4}{10} =$

⑤ $3\dfrac{10}{12} - 1\dfrac{7}{12} =$

⑥ $4\dfrac{9}{14} - 2\dfrac{6}{14} =$

⑦ $2\dfrac{15}{18} - 1\dfrac{8}{18} =$

⑧ $5\dfrac{21}{23} - 1\dfrac{16}{23} =$

⑨ $4\dfrac{19}{26} - 3\dfrac{7}{26} =$

⑩ $5\dfrac{24}{32} - 2\dfrac{15}{32} =$

⑪ $3\dfrac{3}{4} - 1\dfrac{2}{4} =$

⑫ $4\dfrac{7}{8} - 2\dfrac{3}{8} =$

⑬ $2\dfrac{8}{9} - 1\dfrac{3}{9} =$

⑭ $4\dfrac{6}{11} - 1\dfrac{3}{11} =$

⑮ $3\dfrac{12}{16} - 2\dfrac{9}{16} =$

⑯ $4\dfrac{14}{19} - 3\dfrac{5}{19} =$

⑰ $3\dfrac{18}{22} - 1\dfrac{13}{22} =$

⑱ $5\dfrac{22}{25} - 4\dfrac{14}{25} =$

⑲ $3\dfrac{26}{27} - 2\dfrac{8}{27} =$

⑳ $6\dfrac{23}{29} - 2\dfrac{18}{29} =$

2일차 분모가 같은 분수의 뺄셈 ①

★ 분수의 뺄셈을 하시오.

① $\dfrac{9}{12} - \dfrac{5}{12} =$

⑪ $\dfrac{5}{7} - \dfrac{2}{7} =$

② $\dfrac{4}{6} - \dfrac{3}{6} =$

⑫ $\dfrac{8}{9} - \dfrac{5}{9} =$

③ $\dfrac{14}{20} - \dfrac{7}{20} =$

⑬ $\dfrac{10}{14} - \dfrac{4}{14} =$

④ $\dfrac{11}{15} - \dfrac{6}{15} =$

⑭ $\dfrac{13}{17} - \dfrac{9}{17} =$

⑤ $\dfrac{15}{18} - \dfrac{12}{18} =$

⑮ $\dfrac{18}{23} - \dfrac{15}{23} =$

⑥ $\dfrac{20}{22} - \dfrac{13}{22} =$

⑯ $\dfrac{22}{27} - \dfrac{16}{27} =$

⑦ $\dfrac{23}{26} - \dfrac{14}{26} =$

⑰ $\dfrac{14}{31} - \dfrac{6}{31} =$

⑧ $\dfrac{19}{28} - \dfrac{12}{28} =$

⑱ $\dfrac{26}{33} - \dfrac{19}{33} =$

⑨ $\dfrac{31}{35} - \dfrac{28}{35} =$

⑲ $\dfrac{30}{38} - \dfrac{16}{38} =$

⑩ $\dfrac{21}{24} - \dfrac{12}{24} =$

⑳ $\dfrac{17}{25} - \dfrac{9}{25} =$

B형

날짜	월	일
시간	분	초
오답 수	/	20

분모가 같은 분수의 뺄셈 ①

★ 분수의 뺄셈을 하시오.

① $3\frac{3}{5} - 2\frac{1}{5} =$

② $7\frac{9}{10} - 2\frac{6}{10} =$

③ $4\frac{11}{13} - 1\frac{4}{13} =$

④ $6\frac{12}{15} - 3\frac{7}{15} =$

⑤ $5\frac{19}{20} - 3\frac{14}{20} =$

⑥ $3\frac{21}{24} - 1\frac{16}{24} =$

⑦ $2\frac{24}{30} - 1\frac{19}{30} =$

⑧ $4\frac{30}{34} - 2\frac{15}{34} =$

⑨ $5\frac{15}{17} - 2\frac{8}{17} =$

⑩ $2\frac{14}{21} - 2\frac{8}{21} =$

⑪ $4\frac{6}{7} - 3\frac{4}{7} =$

⑫ $3\frac{10}{14} - 1\frac{5}{14} =$

⑬ $5\frac{7}{9} - 1\frac{2}{9} =$

⑭ $2\frac{14}{16} - 1\frac{7}{16} =$

⑮ $3\frac{16}{19} - 2\frac{12}{19} =$

⑯ $4\frac{20}{22} - 3\frac{13}{22} =$

⑰ $6\frac{27}{28} - 4\frac{18}{28} =$

⑱ $5\frac{34}{36} - 4\frac{16}{36} =$

⑲ $7\frac{18}{27} - 5\frac{11}{27} =$

⑳ $6\frac{21}{31} - 5\frac{17}{31} =$

분모가 같은 분수의 뺄셈 ①

★ 분수의 뺄셈을 하시오.

① $\dfrac{10}{11} - \dfrac{6}{11} =$

② $\dfrac{5}{6} - \dfrac{2}{6} =$

③ $\dfrac{13}{16} - \dfrac{6}{16} =$

④ $\dfrac{18}{19} - \dfrac{9}{19} =$

⑤ $\dfrac{14}{21} - \dfrac{8}{21} =$

⑥ $\dfrac{6}{8} - \dfrac{3}{8} =$

⑦ $\dfrac{11}{12} - \dfrac{7}{12} =$

⑧ $\dfrac{20}{23} - \dfrac{12}{23} =$

⑨ $\dfrac{27}{29} - \dfrac{19}{29} =$

⑩ $\dfrac{33}{37} - \dfrac{24}{37} =$

⑪ $\dfrac{4}{7} - \dfrac{2}{7} =$

⑫ $\dfrac{3}{4} - \dfrac{2}{4} =$

⑬ $\dfrac{12}{18} - \dfrac{8}{18} =$

⑭ $\dfrac{15}{22} - \dfrac{12}{22} =$

⑮ $\dfrac{20}{27} - \dfrac{14}{27} =$

⑯ $\dfrac{31}{32} - \dfrac{26}{32} =$

⑰ $\dfrac{24}{36} - \dfrac{5}{36} =$

⑱ $\dfrac{29}{41} - \dfrac{15}{41} =$

⑲ $\dfrac{23}{25} - \dfrac{8}{25} =$

⑳ $\dfrac{28}{34} - \dfrac{18}{34} =$

분모가 같은 분수의 뺄셈 ①

★ 분수의 뺄셈을 하시오.

① $2\dfrac{10}{11} - 1\dfrac{4}{11} =$

⑪ $3\dfrac{4}{5} - 3\dfrac{2}{5} =$

② $4\dfrac{14}{18} - 3\dfrac{7}{18} =$

⑫ $5\dfrac{7}{8} - 4\dfrac{5}{8} =$

③ $3\dfrac{8}{9} - 1\dfrac{6}{9} =$

⑬ $3\dfrac{9}{13} - 1\dfrac{6}{13} =$

④ $4\dfrac{4}{6} - 2\dfrac{1}{6} =$

⑭ $8\dfrac{11}{17} - 5\dfrac{9}{17} =$

⑤ $5\dfrac{12}{14} - 3\dfrac{5}{14} =$

⑮ $5\dfrac{20}{21} - 1\dfrac{13}{21} =$

⑥ $4\dfrac{16}{20} - 1\dfrac{8}{20} =$

⑯ $4\dfrac{28}{30} - 2\dfrac{16}{30} =$

⑦ $5\dfrac{22}{26} - 2\dfrac{19}{26} =$

⑰ $4\dfrac{17}{35} - 3\dfrac{8}{35} =$

⑧ $6\dfrac{31}{33} - 4\dfrac{27}{33} =$

⑱ $5\dfrac{32}{42} - 3\dfrac{18}{42} =$

⑨ $3\dfrac{15}{23} - 2\dfrac{9}{23} =$

⑲ $7\dfrac{15}{24} - 4\dfrac{6}{24} =$

⑩ $6\dfrac{21}{28} - 2\dfrac{16}{28} =$

⑳ $6\dfrac{13}{19} - 5\dfrac{11}{19} =$

4일차

분모가 같은 분수의 뺄셈 ①

● 표준완성시간 : 3~4분

날짜	월	일
시간	분	초
오답 수	/ 20	

A형

★ 분수의 뺄셈을 하시오.

① $\dfrac{8}{10} - \dfrac{5}{10} =$

② $\dfrac{6}{7} - \dfrac{4}{7} =$

③ $\dfrac{14}{15} - \dfrac{8}{15} =$

④ $\dfrac{21}{22} - \dfrac{17}{22} =$

⑤ $\dfrac{3}{5} - \dfrac{2}{5} =$

⑥ $\dfrac{10}{12} - \dfrac{5}{12} =$

⑦ $\dfrac{24}{26} - \dfrac{19}{26} =$

⑧ $\dfrac{23}{31} - \dfrac{15}{31} =$

⑨ $\dfrac{32}{38} - \dfrac{24}{38} =$

⑩ $\dfrac{16}{29} - \dfrac{7}{29} =$

⑪ $\dfrac{3}{6} - \dfrac{1}{6} =$

⑫ $\dfrac{12}{13} - \dfrac{7}{13} =$

⑬ $\dfrac{15}{16} - \dfrac{10}{16} =$

⑭ $\dfrac{15}{20} - \dfrac{9}{20} =$

⑮ $\dfrac{20}{25} - \dfrac{16}{25} =$

⑯ $\dfrac{25}{32} - \dfrac{8}{32} =$

⑰ $\dfrac{17}{36} - \dfrac{14}{36} =$

⑱ $\dfrac{43}{50} - \dfrac{27}{50} =$

⑲ $\dfrac{16}{18} - \dfrac{13}{18} =$

⑳ $\dfrac{21}{27} - \dfrac{12}{27} =$

B형

날짜	월	일
시간	분	초
오답 수	/ 20	

분모가 같은 분수의 뺄셈 ①

★ 분수의 뺄셈을 하시오.

① $5\frac{2}{4} - 2\frac{1}{4} =$

② $2\frac{6}{8} - 1\frac{2}{8} =$

③ $4\frac{8}{12} - 2\frac{3}{12} =$

④ $5\frac{14}{15} - 3\frac{12}{15} =$

⑤ $3\frac{16}{21} - 1\frac{9}{21} =$

⑥ $4\frac{16}{25} - 3\frac{8}{25} =$

⑦ $7\frac{24}{31} - 6\frac{7}{31} =$

⑧ $5\frac{31}{34} - 4\frac{16}{34} =$

⑨ $6\frac{37}{51} - 3\frac{18}{51} =$

⑩ $4\frac{25}{45} - 1\frac{6}{45} =$

⑪ $5\frac{22}{29} - 1\frac{17}{29} =$

⑫ $3\frac{16}{17} - 2\frac{13}{17} =$

⑬ $6\frac{7}{9} - 4\frac{3}{9} =$

⑭ $6\frac{11}{14} - 2\frac{4}{14} =$

⑮ $4\frac{17}{19} - 1\frac{8}{19} =$

⑯ $5\frac{22}{23} - 4\frac{14}{23} =$

⑰ $6\frac{25}{28} - 4\frac{19}{28} =$

⑱ $8\frac{30}{33} - 5\frac{15}{33} =$

⑲ $7\frac{29}{37} - 2\frac{17}{37} =$

⑳ $5\frac{45}{60} - 2\frac{29}{60} =$

분모가 같은 분수의 뺄셈 ①

★ 분수의 뺄셈을 하시오.

① $\dfrac{14}{17} - \dfrac{5}{17} =$

② $\dfrac{5}{8} - \dfrac{2}{8} =$

③ $\dfrac{11}{13} - \dfrac{6}{13} =$

④ $\dfrac{18}{20} - \dfrac{7}{20} =$

⑤ $\dfrac{23}{24} - \dfrac{15}{24} =$

⑥ $\dfrac{13}{16} - \dfrac{8}{16} =$

⑦ $\dfrac{22}{26} - \dfrac{8}{26} =$

⑧ $\dfrac{30}{32} - \dfrac{17}{32} =$

⑨ $\dfrac{25}{35} - \dfrac{18}{35} =$

⑩ $\dfrac{54}{72} - \dfrac{36}{72} =$

⑪ $\dfrac{9}{11} - \dfrac{3}{11} =$

⑫ $\dfrac{4}{5} - \dfrac{1}{5} =$

⑬ $\dfrac{7}{9} - \dfrac{4}{9} =$

⑭ $\dfrac{16}{19} - \dfrac{7}{19} =$

⑮ $\dfrac{19}{22} - \dfrac{5}{22} =$

⑯ $\dfrac{23}{28} - \dfrac{15}{28} =$

⑰ $\dfrac{27}{30} - \dfrac{18}{30} =$

⑱ $\dfrac{31}{36} - \dfrac{19}{36} =$

⑲ $\dfrac{25}{39} - \dfrac{9}{39} =$

⑳ $\dfrac{40}{46} - \dfrac{26}{46} =$

날짜	월	일
시간	분	초
오답 수	/ 20	

B형

분모가 같은 분수의 뺄셈 ①

★ 분수의 뺄셈을 하시오.

① $4\dfrac{8}{10} - 1\dfrac{4}{10} =$

⑪ $4\dfrac{5}{6} - 3\dfrac{3}{6} =$

② $7\dfrac{12}{13} - 2\dfrac{8}{13} =$

⑫ $6\dfrac{11}{12} - 2\dfrac{4}{12} =$

③ $5\dfrac{6}{7} - 4\dfrac{2}{7} =$

⑬ $7\dfrac{17}{20} - 4\dfrac{8}{20} =$

④ $3\dfrac{15}{16} - 2\dfrac{8}{16} =$

⑭ $5\dfrac{27}{30} - 3\dfrac{13}{30} =$

⑤ $6\dfrac{17}{18} - 3\dfrac{11}{18} =$

⑮ $3\dfrac{29}{34} - 1\dfrac{7}{34} =$

⑥ $5\dfrac{17}{22} - 1\dfrac{9}{22} =$

⑯ $8\dfrac{36}{43} - 5\dfrac{18}{43} =$

⑦ $4\dfrac{23}{27} - 2\dfrac{15}{27} =$

⑰ $4\dfrac{53}{64} - 3\dfrac{26}{64} =$

⑧ $6\dfrac{36}{38} - 5\dfrac{19}{38} =$

⑱ $5\dfrac{14}{23} - 2\dfrac{12}{23} =$

⑨ $7\dfrac{42}{55} - 5\dfrac{17}{55} =$

⑲ $10\dfrac{13}{14} - 4\dfrac{7}{14} =$

⑩ $8\dfrac{24}{37} - 2\dfrac{12}{37} =$

⑳ $8\dfrac{28}{31} - 4\dfrac{23}{31} =$

분모가 같은 분수의 뺄셈 ②

● 결과 기록지

① 1~5일차 학습에 걸린 시간을 각각 재서 그래프에 점을 찍습니다.
② 점과 점을 연결하여 기록의 변화를 확인합니다.
③ 오답 수를 세어 오답 수 칸에 씁니다.

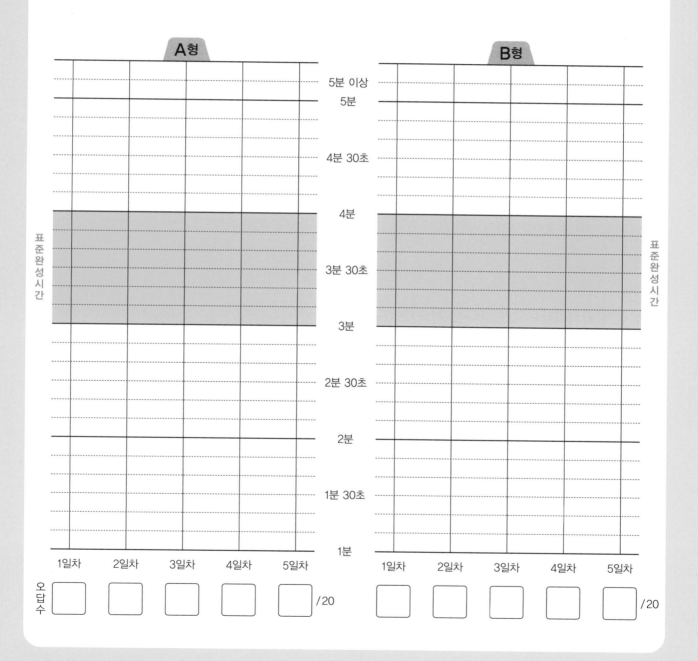

분모가 같은 분수의 뺄셈 ②

● **(자연수)−(진분수), (자연수)−(대분수)**

자연수 부분 중에서 1을, 빼는 분수와 분모가 같은 가분수로 바꾸어 뺄셈을 합니다.

> **(자연수)−(진분수)의 예**
>
> $$3 - \frac{5}{6} = 2\frac{6}{6} - \frac{5}{6} = 2\frac{1}{6}$$

> **(자연수)−(대분수)의 예**
>
> $$4 - 1\frac{2}{5} = 3\frac{5}{5} - 1\frac{2}{5}$$
>
> $$= (3-1) + (\frac{5}{5} - \frac{2}{5}) = 2 + \frac{3}{5} = 2\frac{3}{5}$$

● **분수끼리 뺄 수 없는 (대분수)−(대분수)**

분모가 같은 대분수끼리의 뺄셈은 자연수는 자연수끼리, 분수는 분수끼리 뺍니다. 분수끼리 뺄 수 없을 때에는 빼지는 수의 자연수 부분 중에서 1을 가분수로 바꾸어 뺄셈을 합니다.

> **분수끼리 뺄 수 없는 대분수의 뺄셈의 예**
>
> $$5\frac{3}{8} - 2\frac{5}{8} = 4\frac{11}{8} - 2\frac{5}{8}$$
>
> $$= (4-2) + (\frac{11}{8} - \frac{5}{8}) = 2 + \frac{6}{8} = 2\frac{6}{8}$$

일차 1

분모가 같은 분수의 뺄셈 ②

● 표준완성시간 : 3~4분

날짜	월	일
시간	분	초
오답 수	/	20

A 형

★ 분수의 뺄셈을 하시오.

① $1 - \dfrac{1}{2} =$

② $1 - \dfrac{3}{4} =$

③ $1 - \dfrac{2}{7} =$

④ $2 - \dfrac{2}{5} =$

⑤ $1 - \dfrac{3}{11} =$

⑥ $1 - \dfrac{6}{14} =$

⑦ $2 - \dfrac{13}{16} =$

⑧ $1 - \dfrac{15}{20} =$

⑨ $1 - \dfrac{12}{27} =$

⑩ $3 - \dfrac{24}{32} =$

⑪ $3 - 1\dfrac{1}{3} =$

⑫ $2 - 1\dfrac{3}{6} =$

⑬ $4 - 2\dfrac{5}{8} =$

⑭ $3 - 1\dfrac{7}{12} =$

⑮ $4 - 3\dfrac{10}{15} =$

⑯ $3 - 1\dfrac{14}{19} =$

⑰ $5 - 3\dfrac{8}{22} =$

⑱ $6 - 4\dfrac{13}{26} =$

⑲ $4 - 1\dfrac{17}{31} =$

⑳ $3 - 2\dfrac{25}{35} =$

날짜	월	일
시간	분	초
오답 수	/ 20	

B형

분모가 같은 분수의 뺄셈 ②

★ 분수의 뺄셈을 하시오.

① $3\dfrac{1}{3} - 1\dfrac{2}{3} =$

② $4\dfrac{2}{6} - 1\dfrac{5}{6} =$

③ $5\dfrac{3}{8} - 2\dfrac{6}{8} =$

④ $4\dfrac{3}{10} - 2\dfrac{7}{10} =$

⑤ $3\dfrac{5}{13} - 2\dfrac{8}{13} =$

⑥ $5\dfrac{4}{16} - 2\dfrac{11}{16} =$

⑦ $2\dfrac{7}{18} - 1\dfrac{12}{18} =$

⑧ $4\dfrac{10}{21} - 1\dfrac{15}{21} =$

⑨ $4\dfrac{8}{25} - 3\dfrac{21}{25} =$

⑩ $6\dfrac{17}{30} - 4\dfrac{20}{30} =$

⑪ $3\dfrac{2}{5} - 2\dfrac{4}{5} =$

⑫ $8\dfrac{3}{7} - 5\dfrac{6}{7} =$

⑬ $5\dfrac{4}{9} - 1\dfrac{5}{9} =$

⑭ $6\dfrac{6}{12} - 2\dfrac{9}{12} =$

⑮ $3\dfrac{2}{17} - 2\dfrac{12}{17} =$

⑯ $5\dfrac{5}{20} - 3\dfrac{14}{20} =$

⑰ $5\dfrac{18}{23} - 1\dfrac{20}{23} =$

⑱ $7\dfrac{12}{28} - 4\dfrac{22}{28} =$

⑲ $4\dfrac{15}{31} - 2\dfrac{18}{31} =$

⑳ $7\dfrac{23}{34} - 4\dfrac{30}{34} =$

분모가 같은 분수의 뺄셈 ②

★ 분수의 뺄셈을 하시오.

① $2 - \dfrac{2}{3} =$

② $1 - \dfrac{5}{9} =$

③ $2 - \dfrac{6}{13} =$

④ $2 - \dfrac{8}{15} =$

⑤ $3 - \dfrac{11}{18} =$

⑥ $4 - \dfrac{15}{21} =$

⑦ $3 - \dfrac{17}{24} =$

⑧ $5 - \dfrac{25}{29} =$

⑨ $4 - \dfrac{14}{31} =$

⑩ $3 - \dfrac{21}{33} =$

⑪ $4 - 2\dfrac{3}{5} =$

⑫ $3 - 1\dfrac{6}{7} =$

⑬ $5 - 2\dfrac{2}{8} =$

⑭ $5 - 1\dfrac{8}{10} =$

⑮ $4 - 3\dfrac{7}{11} =$

⑯ $5 - 3\dfrac{12}{14} =$

⑰ $6 - 2\dfrac{13}{17} =$

⑱ $4 - 1\dfrac{20}{22} =$

⑲ $2 - 1\dfrac{9}{27} =$

⑳ $7 - 5\dfrac{25}{32} =$

★ 분수의 뺄셈을 하시오.

① $4\dfrac{2}{4} - 2\dfrac{3}{4} =$

② $6\dfrac{5}{11} - 1\dfrac{9}{11} =$

③ $8\dfrac{2}{14} - 5\dfrac{13}{14} =$

④ $3\dfrac{8}{26} - 2\dfrac{20}{26} =$

⑤ $5\dfrac{10}{19} - 3\dfrac{16}{19} =$

⑥ $4\dfrac{1}{6} - 1\dfrac{4}{6} =$

⑦ $2\dfrac{3}{15} - \dfrac{9}{15} =$

⑧ $5\dfrac{7}{22} - 2\dfrac{21}{22} =$

⑨ $6\dfrac{15}{29} - 3\dfrac{23}{29} =$

⑩ $4\dfrac{7}{37} - 1\dfrac{30}{37} =$

⑪ $6\dfrac{1}{9} - 1\dfrac{7}{9} =$

⑫ $2\dfrac{3}{12} - \dfrac{10}{12} =$

⑬ $5\dfrac{8}{16} - 3\dfrac{14}{16} =$

⑭ $9\dfrac{12}{24} - 5\dfrac{23}{24} =$

⑮ $3\dfrac{1}{32} - 2\dfrac{26}{32} =$

⑯ $7\dfrac{5}{17} - 3\dfrac{8}{17} =$

⑰ $4\dfrac{9}{20} - \dfrac{18}{20} =$

⑱ $2\dfrac{10}{27} - 1\dfrac{20}{27} =$

⑲ $6\dfrac{4}{35} - 5\dfrac{27}{35} =$

⑳ $5\dfrac{15}{40} - 2\dfrac{32}{40} =$

3일차 분모가 같은 분수의 뺄셈 ②

★ 분수의 뺄셈을 하시오.

① $4 - \dfrac{8}{12} =$

② $5 - \dfrac{17}{20} =$

③ $1 - \dfrac{14}{25} =$

④ $3 - \dfrac{5}{6} =$

⑤ $2 - \dfrac{4}{8} =$

⑥ $3 - \dfrac{10}{16} =$

⑦ $4 - \dfrac{21}{23} =$

⑧ $2 - \dfrac{19}{28} =$

⑨ $5 - \dfrac{21}{30} =$

⑩ $2 - \dfrac{30}{34} =$

⑪ $2 - 1\dfrac{8}{24} =$

⑫ $6 - 2\dfrac{3}{10} =$

⑬ $4 - 2\dfrac{1}{4} =$

⑭ $3 - 1\dfrac{11}{13} =$

⑮ $5 - 3\dfrac{9}{18} =$

⑯ $7 - 4\dfrac{6}{21} =$

⑰ $8 - 6\dfrac{25}{31} =$

⑱ $6 - 1\dfrac{29}{33} =$

⑲ $3 - 2\dfrac{32}{38} =$

⑳ $4 - 1\dfrac{40}{52} =$

B형

분모가 같은 분수의 뺄셈 ②

★ 분수의 뺄셈을 하시오.

① $5\dfrac{4}{10} - 3\dfrac{9}{10} =$

⑪ $6\dfrac{16}{27} - 4\dfrac{25}{27} =$

② $6\dfrac{7}{13} - 4\dfrac{10}{13} =$

⑫ $5\dfrac{19}{33} - 1\dfrac{28}{33} =$

③ $8\dfrac{2}{21} - 3\dfrac{18}{21} =$

⑬ $3\dfrac{6}{29} - 1\dfrac{21}{29} =$

④ $5\dfrac{4}{7} - 2\dfrac{5}{7} =$

⑭ $4\dfrac{2}{9} - 1\dfrac{8}{9} =$

⑤ $4\dfrac{3}{18} - 3\dfrac{15}{18} =$

⑮ $3\dfrac{8}{15} - 2\dfrac{12}{15} =$

⑥ $2\dfrac{1}{5} - 1\dfrac{3}{5} =$

⑯ $2\dfrac{12}{22} - \dfrac{14}{22} =$

⑦ $4\dfrac{11}{25} - 2\dfrac{23}{25} =$

⑰ $3\dfrac{4}{11} - 2\dfrac{8}{11} =$

⑧ $7\dfrac{23}{31} - 5\dfrac{30}{31} =$

⑱ $5\dfrac{9}{26} - 3\dfrac{22}{26} =$

⑨ $6\dfrac{6}{19} - 1\dfrac{13}{19} =$

⑲ $4\dfrac{13}{30} - \dfrac{24}{30} =$

⑩ $5\dfrac{9}{23} - 4\dfrac{14}{23} =$

⑳ $3\dfrac{22}{36} - 2\dfrac{34}{36} =$

4일차

분모가 같은 분수의 뺄셈 ②

● 표준완성시간 : 3~4분

날짜	월	일
시간	분	초
오답 수	/ 20	

A형

★ 분수의 뺄셈을 하시오.

① $3 - \dfrac{4}{5} =$

② $2 - \dfrac{9}{14} =$

③ $4 - \dfrac{13}{19} =$

④ $3 - \dfrac{15}{22} =$

⑤ $5 - \dfrac{19}{27} =$

⑥ $2 - \dfrac{8}{32} =$

⑦ $1 - \dfrac{25}{37} =$

⑧ $4 - \dfrac{22}{28} =$

⑨ $3 - \dfrac{6}{17} =$

⑩ $6 - \dfrac{6}{9} =$

⑪ $4 - 2\dfrac{5}{24} =$

⑫ $5 - 1\dfrac{11}{16} =$

⑬ $2 - 1\dfrac{4}{7} =$

⑭ $5 - 2\dfrac{10}{12} =$

⑮ $3 - 1\dfrac{14}{20} =$

⑯ $2 - 1\dfrac{17}{29} =$

⑰ $4 - 1\dfrac{31}{35} =$

⑱ $7 - 4\dfrac{14}{18} =$

⑲ $8 - 5\dfrac{13}{15} =$

⑳ $5 - 1\dfrac{26}{34} =$

날짜	월	일
시간	분	초
오답 수		/ 20

B형

분모가 같은 분수의 뺄셈 ②

★ 분수의 뺄셈을 하시오.

① $4\dfrac{5}{14} - 1\dfrac{12}{14} =$

② $5\dfrac{4}{20} - 3\dfrac{16}{20} =$

③ $2\dfrac{9}{24} - \dfrac{21}{24} =$

④ $3\dfrac{13}{28} - 1\dfrac{24}{28} =$

⑤ $6\dfrac{2}{8} - 1\dfrac{7}{8} =$

⑥ $3\dfrac{11}{17} - 2\dfrac{16}{17} =$

⑦ $6\dfrac{3}{6} - 4\dfrac{5}{6} =$

⑧ $7\dfrac{22}{30} - 4\dfrac{28}{30} =$

⑨ $4\dfrac{14}{34} - 2\dfrac{28}{34} =$

⑩ $5\dfrac{25}{43} - 1\dfrac{41}{43} =$

⑪ $3\dfrac{1}{4} - 2\dfrac{2}{4} =$

⑫ $4\dfrac{2}{10} - 1\dfrac{8}{10} =$

⑬ $2\dfrac{8}{19} - 1\dfrac{17}{19} =$

⑭ $6\dfrac{12}{21} - 4\dfrac{19}{21} =$

⑮ $5\dfrac{7}{12} - 3\dfrac{11}{12} =$

⑯ $9\dfrac{8}{18} - \dfrac{16}{18} =$

⑰ $8\dfrac{16}{26} - 5\dfrac{23}{26} =$

⑱ $3\dfrac{18}{35} - \dfrac{33}{35} =$

⑲ $6\dfrac{5}{38} - 2\dfrac{30}{38} =$

⑳ $10\dfrac{15}{23} - 7\dfrac{21}{23} =$

5일차

분모가 같은 분수의 뺄셈 ②

● 표준완성시간 : 3~4분

날짜	월	일
시간	분	초
오답 수	/	20

A형

★ 분수의 뺄셈을 하시오.

① $5 - \dfrac{2}{4} =$

② $2 - \dfrac{10}{11} =$

③ $4 - \dfrac{17}{21} =$

④ $3 - \dfrac{9}{23} =$

⑤ $6 - \dfrac{14}{30} =$

⑥ $1 - \dfrac{6}{13} =$

⑦ $4 - \dfrac{8}{16} =$

⑧ $7 - \dfrac{24}{26} =$

⑨ $3 - \dfrac{19}{33} =$

⑩ $5 - \dfrac{31}{46} =$

⑪ $6 - 3\dfrac{5}{8} =$

⑫ $5 - 1\dfrac{15}{17} =$

⑬ $6 - 4\dfrac{19}{25} =$

⑭ $4 - 3\dfrac{7}{31} =$

⑮ $6 - 3\dfrac{4}{19} =$

⑯ $3 - 1\dfrac{25}{27} =$

⑰ $5 - 4\dfrac{30}{32} =$

⑱ $2 - 1\dfrac{26}{36} =$

⑲ $3 - 1\dfrac{34}{50} =$

⑳ $7 - 3\dfrac{3}{15} =$

날짜	월	일
시간	분	초
오답 수	/	20

B형

분모가 같은 분수의 뺄셈 ②

★ 분수의 뺄셈을 하시오.

① $6\dfrac{4}{15} - 2\dfrac{10}{15} =$

② $7\dfrac{9}{22} - 5\dfrac{18}{22} =$

③ $5\dfrac{5}{9} - 1\dfrac{7}{9} =$

④ $4\dfrac{6}{18} - 2\dfrac{13}{18} =$

⑤ $3\dfrac{16}{29} - 2\dfrac{24}{29} =$

⑥ $2\dfrac{9}{14} - \dfrac{11}{14} =$

⑦ $8\dfrac{23}{32} - 4\dfrac{29}{32} =$

⑧ $10\dfrac{2}{7} - 6\dfrac{6}{7} =$

⑨ $4\dfrac{8}{27} - 1\dfrac{26}{27} =$

⑩ $5\dfrac{27}{39} - 3\dfrac{34}{39} =$

⑪ $3\dfrac{2}{13} - 1\dfrac{12}{13} =$

⑫ $7\dfrac{1}{6} - 4\dfrac{3}{6} =$

⑬ $9\dfrac{12}{20} - 5\dfrac{15}{20} =$

⑭ $6\dfrac{7}{25} - 3\dfrac{20}{25} =$

⑮ $5\dfrac{11}{31} - \dfrac{28}{31} =$

⑯ $2\dfrac{15}{37} - 1\dfrac{35}{37} =$

⑰ $4\dfrac{6}{11} - 3\dfrac{9}{11} =$

⑱ $8\dfrac{6}{16} - 6\dfrac{12}{16} =$

⑲ $6\dfrac{29}{45} - 2\dfrac{36}{45} =$

⑳ $3\dfrac{31}{60} - 1\dfrac{45}{60} =$

076단계 분모가 같은 분수의 덧셈, 뺄셈

● 결과 기록지

① 1~5일차 학습에 걸린 시간을 각각 재서 그래프에 점을 찍습니다.
② 점과 점을 연결하여 기록의 변화를 확인합니다.
③ 오답 수를 세어 오답 수 칸에 씁니다.

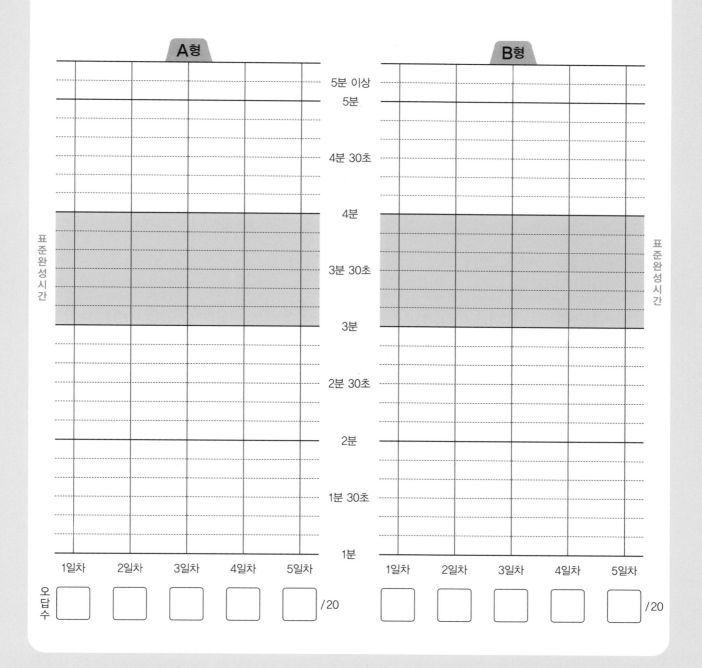

분모가 같은 분수의 덧셈, 뺄셈

● 분모가 같은 분수의 덧셈

분모가 같은 (진분수)+(진분수), (진분수)+(대분수), (대분수)+(대분수)의 계산은 자연수는 자연수끼리 계산하고, 분수 부분은 분모는 그대로 쓰고, 분자끼리 더합니다. 이때 분수 부분의 계산 결과가 가분수이면 대분수로 바꾸어 나타냅니다.

보기

$$\cdot \ \frac{4}{12} + \frac{8}{12} = \frac{12}{12} = 1 \qquad \cdot \ \frac{7}{12} + \frac{9}{12} = \frac{16}{12} = 1\frac{4}{12}$$

$$\cdot \ \frac{5}{8} + 3\frac{3}{8} = 3\frac{8}{8} = 4 \qquad \cdot \ 1\frac{5}{8} + \frac{7}{8} = 1\frac{12}{8} = 2\frac{4}{8}$$

$$\cdot \ 3\frac{7}{10} + 2\frac{3}{10} = 5\frac{10}{10} = 6 \qquad \cdot \ 2\frac{6}{10} + 4\frac{8}{10} = 6\frac{14}{10} = 7\frac{4}{10}$$

● 분모가 같은 분수의 뺄셈

분모가 같은 (진분수)−(진분수), (대분수)−(대분수)의 계산은 자연수는 자연수끼리 계산하고, 분수 부분은 분모는 그대로 쓰고, 분자끼리 뺍니다. 이때 분수끼리 뺄 수 없을 때에는 빼어지는 수의 자연수 부분 중에서 1을 가분수로 바꾸어 뺄셈을 합니다.
(자연수)−(진분수), (자연수)−(대분수)의 계산은 자연수 부분 중에서 1을, 빼는 분수와 분모가 같은 가분수로 바꾸어 뺄셈을 합니다.

보기

$$\cdot \ \frac{11}{15} - \frac{7}{15} = \frac{4}{15}$$

$$\cdot \ 2 - \frac{4}{7} = 1\frac{7}{7} - \frac{4}{7} = 1\frac{3}{7} \qquad \cdot \ 4 - 1\frac{4}{11} = 3\frac{11}{11} - 1\frac{4}{11} = 2\frac{7}{11}$$

$$\cdot \ 3\frac{8}{13} - 1\frac{3}{13} = 2\frac{5}{13} \qquad \cdot \ 6\frac{2}{13} - 3\frac{9}{13} = 5\frac{15}{13} - 3\frac{9}{13} = 2\frac{6}{13}$$

분모가 같은 분수의 덧셈, 뺄셈

★ 분수의 덧셈을 하시오.

① $\dfrac{1}{4} + \dfrac{2}{4} =$

② $\dfrac{5}{13} + \dfrac{6}{13} =$

③ $\dfrac{13}{20} + \dfrac{7}{20} =$

④ $\dfrac{18}{31} + \dfrac{13}{31} =$

⑤ $\dfrac{5}{9} + \dfrac{8}{9} =$

⑥ $\dfrac{19}{23} + \dfrac{14}{23} =$

⑦ $\dfrac{4}{11} + 2\dfrac{5}{11} =$

⑧ $3\dfrac{8}{27} + \dfrac{15}{27} =$

⑨ $\dfrac{2}{6} + 2\dfrac{4}{6} =$

⑩ $4\dfrac{7}{18} + \dfrac{11}{18} =$

⑪ $\dfrac{9}{15} + 1\dfrac{12}{15} =$

⑫ $4\dfrac{20}{25} + \dfrac{8}{25} =$

⑬ $1\dfrac{3}{10} + 1\dfrac{4}{10} =$

⑭ $2\dfrac{14}{29} + 3\dfrac{16}{29} =$

⑮ $1\dfrac{5}{7} + 4\dfrac{2}{7} =$

⑯ $2\dfrac{15}{16} + 5\dfrac{1}{16} =$

⑰ $1\dfrac{5}{12} + 3\dfrac{9}{12} =$

⑱ $4\dfrac{8}{22} + 2\dfrac{15}{22} =$

⑲ $2\dfrac{4}{5} + 3\dfrac{3}{5} =$

⑳ $5\dfrac{22}{34} + 1\dfrac{16}{34}$

B형

날짜	월	일
시간	분	초
오답 수	/	20

분모가 같은 분수의 덧셈, 뺄셈

★ 분수의 뺄셈을 하시오.

① $\dfrac{4}{6} - \dfrac{1}{6} =$

② $\dfrac{7}{10} - \dfrac{3}{10} =$

③ $\dfrac{18}{23} - \dfrac{7}{23} =$

④ $\dfrac{20}{30} - \dfrac{16}{30} =$

⑤ $2 - \dfrac{9}{14} =$

⑥ $3 - \dfrac{17}{19} =$

⑦ $1 - \dfrac{14}{26} =$

⑧ $2 - \dfrac{24}{33} =$

⑨ $4 - 1\dfrac{5}{8} =$

⑩ $3 - 2\dfrac{8}{12} =$

⑪ $5 - 3\dfrac{14}{20} =$

⑫ $6 - 2\dfrac{19}{32} =$

⑬ $4\dfrac{15}{17} - 1\dfrac{6}{17} =$

⑭ $6\dfrac{20}{25} - 3\dfrac{11}{25} =$

⑮ $5\dfrac{26}{31} - 1\dfrac{9}{31} =$

⑯ $4\dfrac{27}{35} - 3\dfrac{13}{35} =$

⑰ $3\dfrac{2}{9} - 1\dfrac{6}{9} =$

⑱ $5\dfrac{8}{21} - 2\dfrac{17}{21} =$

⑲ $7\dfrac{12}{28} - 4\dfrac{23}{28} =$

⑳ $4\dfrac{14}{37} - 2\dfrac{30}{37} =$

분모가 같은 분수의 덧셈, 뺄셈

★ 분수의 덧셈을 하시오.

① $\dfrac{3}{8} + \dfrac{2}{8} =$

② $\dfrac{4}{12} + 2\dfrac{6}{12} =$

③ $\dfrac{9}{17} + \dfrac{8}{17} =$

④ $1\dfrac{6}{21} + 4\dfrac{13}{21} =$

⑤ $\dfrac{14}{30} + \dfrac{25}{30} =$

⑥ $2\dfrac{19}{24} + \dfrac{9}{24} =$

⑦ $\dfrac{24}{36} + 3\dfrac{18}{36} =$

⑧ $\dfrac{9}{19} + 1\dfrac{10}{19} =$

⑨ $\dfrac{15}{26} + \dfrac{18}{26} =$

⑩ $3\dfrac{7}{15} + 3\dfrac{13}{15} =$

⑪ $1\dfrac{1}{3} + \dfrac{1}{3} =$

⑫ $2\dfrac{3}{6} + 4\dfrac{2}{6} =$

⑬ $\dfrac{6}{14} + \dfrac{7}{14} =$

⑭ $1\dfrac{4}{9} + 2\dfrac{7}{9} =$

⑮ $5\dfrac{27}{38} + 1\dfrac{11}{38} =$

⑯ $2\dfrac{21}{33} + \dfrac{12}{33} =$

⑰ $\dfrac{8}{10} + \dfrac{2}{10} =$

⑱ $6\dfrac{24}{32} + 2\dfrac{17}{32} =$

⑲ $3\dfrac{18}{28} + 2\dfrac{10}{28} =$

⑳ $4\dfrac{25}{40} + 6\dfrac{24}{40} =$

분모가 같은 분수의 덧셈, 뺄셈

★ 분수의 뺄셈을 하시오.

① $4 - \dfrac{5}{7} =$

② $3\dfrac{16}{18} - 1\dfrac{8}{18} =$

③ $\dfrac{30}{34} - \dfrac{18}{34} =$

④ $2 - 1\dfrac{5}{10} =$

⑤ $\dfrac{4}{5} - \dfrac{2}{5} =$

⑥ $4\dfrac{2}{13} - 2\dfrac{10}{13} =$

⑦ $6\dfrac{9}{11} - \dfrac{3}{11} =$

⑧ $\dfrac{13}{16} - \dfrac{7}{16} =$

⑨ $3 - \dfrac{16}{27} =$

⑩ $5 - 2\dfrac{31}{40} =$

⑪ $2 - \dfrac{6}{15} =$

⑫ $\dfrac{15}{22} - \dfrac{9}{22} =$

⑬ $4\dfrac{23}{32} - 1\dfrac{12}{32} =$

⑭ $1 - \dfrac{28}{36} =$

⑮ $4 - 3\dfrac{4}{30} =$

⑯ $6\dfrac{20}{24} - 3\dfrac{14}{24} =$

⑰ $3 - 1\dfrac{21}{23} =$

⑱ $5\dfrac{3}{8} - 1\dfrac{6}{8} =$

⑲ $5\dfrac{17}{29} - 2\dfrac{26}{29} =$

⑳ $6\dfrac{21}{38} - 4\dfrac{34}{38} =$

★ 분수의 덧셈을 하시오.

① $\dfrac{4}{7} + 1\dfrac{3}{7} =$

② $1\dfrac{2}{10} + 2\dfrac{6}{10} =$

③ $\dfrac{7}{11} + \dfrac{2}{11} =$

④ $\dfrac{12}{18} + \dfrac{7}{18} =$

⑤ $\dfrac{9}{27} + \dfrac{18}{27} =$

⑥ $\dfrac{23}{29} + 1\dfrac{8}{29} =$

⑦ $\dfrac{4}{16} + \dfrac{10}{16} =$

⑧ $1\dfrac{4}{13} + \dfrac{6}{13} =$

⑨ $\dfrac{15}{22} + \dfrac{7}{22} =$

⑩ $4\dfrac{3}{5} + 1\dfrac{2}{5} =$

⑪ $\dfrac{9}{20} + 2\dfrac{7}{20} =$

⑫ $1\dfrac{8}{31} + 3\dfrac{25}{31} =$

⑬ $1\dfrac{25}{37} + 1\dfrac{12}{37} =$

⑭ $2\dfrac{8}{23} + 5\dfrac{11}{23} =$

⑮ $3\dfrac{4}{8} + 6\dfrac{7}{8} =$

⑯ $2\dfrac{8}{14} + 4\dfrac{12}{14} =$

⑰ $\dfrac{13}{25} + 4\dfrac{12}{25} =$

⑱ $\dfrac{15}{34} + \dfrac{26}{34} =$

⑲ $3\dfrac{24}{35} + \dfrac{22}{35} =$

⑳ $3\dfrac{32}{39} + 2\dfrac{14}{39} =$

분모가 같은 분수의 덧셈, 뺄셈

★ 분수의 뺄셈을 하시오.

① $3 - 1\dfrac{3}{4} =$

⑪ $4 - \dfrac{5}{9} =$

② $\dfrac{11}{12} - \dfrac{4}{12} =$

⑫ $3\dfrac{18}{20} - 2\dfrac{13}{20} =$

③ $2 - \dfrac{12}{16} =$

⑬ $5 - \dfrac{20}{25} =$

④ $\dfrac{22}{26} - \dfrac{14}{26} =$

⑭ $5\dfrac{26}{35} - 2\dfrac{18}{35} =$

⑤ $5\dfrac{5}{6} - 2\dfrac{3}{6} =$

⑮ $3\dfrac{5}{17} - 2\dfrac{12}{17} =$

⑥ $\dfrac{15}{19} - \dfrac{8}{19} =$

⑯ $7\dfrac{8}{23} - 2\dfrac{21}{23} =$

⑦ $1 - \dfrac{6}{21} =$

⑰ $5\dfrac{4}{28} - 1\dfrac{19}{28} =$

⑧ $\dfrac{28}{33} - \dfrac{9}{33} =$

⑱ $4 - 1\dfrac{15}{31} =$

⑨ $4\dfrac{12}{14} - 1\dfrac{7}{14} =$

⑲ $2 - 1\dfrac{5}{37} =$

⑩ $6 - 2\dfrac{8}{13} =$

⑳ $2\dfrac{9}{50} - \dfrac{27}{50} =$

분모가 같은 분수의 덧셈, 뺄셈

★ 분수의 덧셈을 하시오.

① $\dfrac{5}{6} + \dfrac{4}{6} =$

② $\dfrac{4}{12} + \dfrac{8}{12} =$

③ $\dfrac{12}{19} + \dfrac{6}{19} =$

④ $\dfrac{21}{26} + 2\dfrac{14}{26} =$

⑤ $1\dfrac{7}{10} + \dfrac{5}{10} =$

⑥ $\dfrac{8}{15} + \dfrac{13}{15} =$

⑦ $2\dfrac{9}{21} + \dfrac{10}{21} =$

⑧ $\dfrac{17}{36} + 2\dfrac{19}{36} =$

⑨ $\dfrac{9}{31} + \dfrac{22}{31} =$

⑩ $\dfrac{4}{17} + 1\dfrac{8}{17} =$

⑪ $3\dfrac{2}{4} + 5\dfrac{3}{4} =$

⑫ $\dfrac{10}{24} + \dfrac{12}{24} =$

⑬ $2\dfrac{3}{9} + 2\dfrac{4}{9} =$

⑭ $2\dfrac{2}{16} + 6\dfrac{14}{16} =$

⑮ $2\dfrac{15}{28} + \dfrac{13}{28} =$

⑯ $2\dfrac{27}{33} + 1\dfrac{8}{33} =$

⑰ $4\dfrac{5}{13} + 2\dfrac{8}{13} =$

⑱ $1\dfrac{6}{18} + 3\dfrac{7}{18} =$

⑲ $6\dfrac{19}{30} + 1\dfrac{20}{30} =$

⑳ $2\dfrac{16}{38} + 4\dfrac{28}{38} =$

B형

날짜	월	일
시간	분	초
오답 수	/	20

분모가 같은 분수의 덧셈, 뺄셈

★ 분수의 뺄셈을 하시오.

① $\dfrac{6}{7} - \dfrac{2}{7} =$

② $7 - \dfrac{7}{12} =$

③ $\dfrac{21}{24} - \dfrac{16}{24} =$

④ $2 - 1\dfrac{15}{32} =$

⑤ $4\dfrac{29}{40} - \dfrac{24}{40} =$

⑥ $\dfrac{13}{15} - \dfrac{5}{15} =$

⑦ $1 - \dfrac{13}{22} =$

⑧ $4\dfrac{7}{8} - 1\dfrac{4}{8} =$

⑨ $8\dfrac{1}{10} - 6\dfrac{4}{10} =$

⑩ $6\dfrac{21}{27} - 3\dfrac{12}{27} =$

⑪ $3 - \dfrac{4}{5} =$

⑫ $4\dfrac{3}{19} - 1\dfrac{13}{19} =$

⑬ $\dfrac{25}{30} - \dfrac{8}{30} =$

⑭ $3 - 1\dfrac{6}{11} =$

⑮ $2 - \dfrac{27}{34} =$

⑯ $8 - 4\dfrac{14}{18} =$

⑰ $5 - 1\dfrac{33}{39} =$

⑱ $4\dfrac{10}{29} - 2\dfrac{27}{29} =$

⑲ $5\dfrac{22}{36} - 4\dfrac{9}{36} =$

⑳ $7\dfrac{5}{38} - 4\dfrac{23}{38} =$

분모가 같은 분수의 덧셈, 뺄셈

★ 분수의 덧셈을 하시오.

① $\dfrac{4}{5} + 2\dfrac{2}{5} =$

⑪ $\dfrac{5}{8} + \dfrac{1}{8} =$

② $\dfrac{17}{25} + \dfrac{14}{25} =$

⑫ $1\dfrac{6}{11} + \dfrac{5}{11} =$

③ $\dfrac{18}{35} + \dfrac{17}{35} =$

⑬ $\dfrac{22}{32} + \dfrac{16}{32} =$

④ $\dfrac{12}{20} + \dfrac{5}{20} =$

⑭ $2\dfrac{2}{7} + 3\dfrac{3}{7} =$

⑤ $1\dfrac{8}{22} + \dfrac{12}{22} =$

⑮ $3\dfrac{11}{13} + 4\dfrac{5}{13} =$

⑥ $\dfrac{3}{14} + 1\dfrac{9}{14} =$

⑯ $3\dfrac{12}{15} + \dfrac{13}{15} =$

⑦ $2\dfrac{7}{23} + 5\dfrac{14}{23} =$

⑰ $4\dfrac{33}{39} + 4\dfrac{6}{39} =$

⑧ $3\dfrac{22}{27} + 1\dfrac{5}{27} =$

⑱ $6\dfrac{9}{17} + 3\dfrac{14}{17} =$

⑨ $\dfrac{6}{29} + \dfrac{23}{29} =$

⑲ $2\dfrac{19}{37} + 6\dfrac{20}{37} =$

⑩ $\dfrac{9}{34} + 2\dfrac{25}{34} =$

⑳ $1\dfrac{44}{52} + 2\dfrac{18}{52} =$

날짜	월	일
시간	분	초
오답 수	/	20

B형

분모가 같은 분수의 덧셈, 뺄셈

★ 분수의 뺄셈을 하시오.

① $2 - \dfrac{2}{4} =$

② $\dfrac{17}{23} - \dfrac{10}{23} =$

③ $2 - 1\dfrac{17}{36} =$

④ $\dfrac{8}{9} - \dfrac{6}{9} =$

⑤ $3 - \dfrac{14}{17} =$

⑥ $7 - 4\dfrac{15}{21} =$

⑦ $1 - \dfrac{29}{35} =$

⑧ $6 - 1\dfrac{21}{28} =$

⑨ $6\dfrac{16}{19} - 1\dfrac{8}{19} =$

⑩ $4\dfrac{17}{30} - 1\dfrac{25}{30} =$

⑪ $\dfrac{11}{13} - \dfrac{2}{13} =$

⑫ $\dfrac{24}{31} - \dfrac{16}{31} =$

⑬ $6 - \dfrac{23}{26} =$

⑭ $3 - 2\dfrac{3}{12} =$

⑮ $4\dfrac{22}{24} - 1\dfrac{13}{24} =$

⑯ $4\dfrac{2}{6} - 2\dfrac{5}{6} =$

⑰ $6\dfrac{5}{14} - 5\dfrac{13}{14} =$

⑱ $5\dfrac{26}{33} - 3\dfrac{18}{33} =$

⑲ $2\dfrac{28}{39} - 1\dfrac{24}{39} =$

⑳ $7\dfrac{6}{44} - 4\dfrac{27}{44} =$

자릿수가 같은 소수의 덧셈

● **결과 기록지**

① 1~5일차 학습에 걸린 시간을 각각 재서 그래프에 점을 찍습니다.
② 점과 점을 연결하여 기록의 변화를 확인합니다.
③ 오답 수를 세어 오답 수 칸에 씁니다.

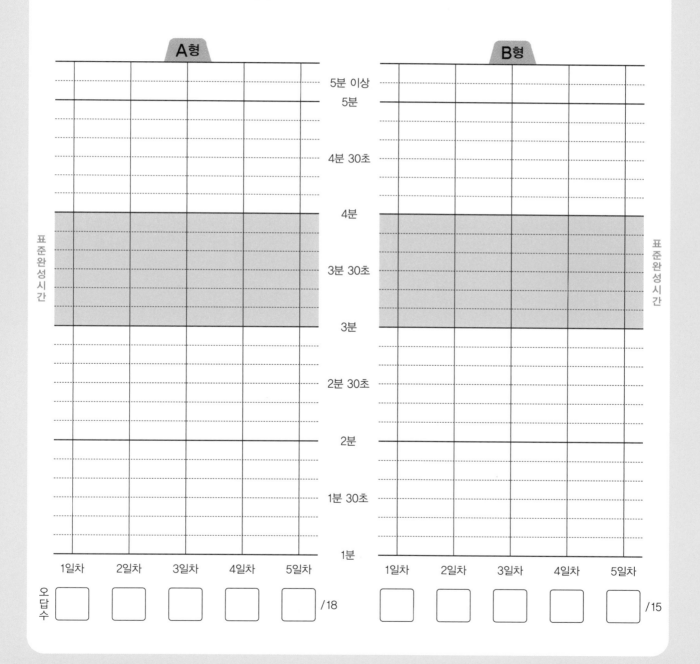

A형						B형				
					5분 이상					
					5분					
					4분 30초					
					4분					
					3분 30초					
					3분					
					2분 30초					
					2분					
					1분 30초					
					1분					
1일차	2일차	3일차	4일차	5일차		1일차	2일차	3일차	4일차	5일차

표준완성시간

오답수 /18   /15

자릿수가 같은 소수의 덧셈

● 자릿수가 같은 소수의 덧셈

자릿수가 같은 소수의 덧셈은 소수점의 자리를 맞추어 자연수의 덧셈과 같은 방법으로 계산하고 소수점을 그대로 내려 찍습니다.

예 0.4+0.3의 계산

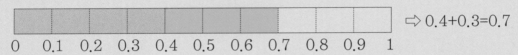 ⇨ 0.4+0.3=0.7

예 0.25+0.34의 계산

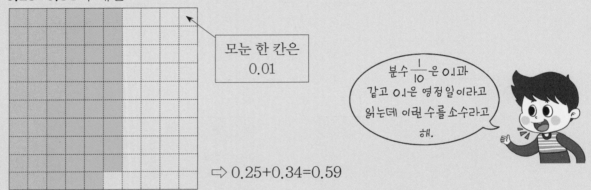

모눈 한 칸은
0.01

분수 $\frac{1}{10}$ 은 0.1과
같고 0.1은 영점 일이라고
읽는데 이런 수를 소수라고
해.

⇨ 0.25+0.34=0.59

세로셈의 예

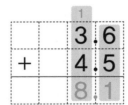

소수 첫째 자리 계산 : 6+5=11
일의 자리 계산 : 1+3+4=8

가로셈의 예

2.28 + 1.53 = 3.81

소수 둘째 자리 계산 : 8+3=11
소수 첫째 자리 계산 : 1+2+5=8
일의 자리 계산 : 2+1=3

자릿수가 같은 소수의 덧셈

★ 소수의 덧셈을 하시오.

①
```
    0.5
+   0.3
```

②
```
    0.4
+   0.8
```

③
```
    0.7
+   0.6
```

④
```
    1.5
+   2.4
```

⑤
```
    3.6
+   5.5
```

⑥
```
    6.8
+   7.3
```

⑦
```
  1 2.4
+   5.4
```

⑧
```
  2 0.3
+   6.9
```

⑨
```
    4.8
+ 3 3.6
```

⑩
```
  4 1.5
+ 2 5.2
```

⑪
```
  1 8.7
+ 5 3.5
```

⑫
```
  2 6.9
+ 6 7.3
```

⑬
```
  0.2 1
+ 0.4 7
```

⑭
```
  0.3 6
+ 0.5 5
```

⑮
```
  0.7 4
+ 0.3 8
```

⑯
```
  4.3 8
+ 1.0 6
```

⑰
```
  3.8 2
+ 5.5 3
```

⑱
```
  6.7 5
+ 4.4 5
```

B형

날짜	월	일
시간	분	초
오답 수	/	15

자릿수가 같은 소수의 덧셈

★ 소수의 덧셈을 하시오.

① 0.2 + 0.4

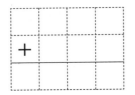

② 0.8 + 0.5

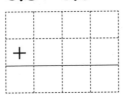

③ 3.2 + 5.7

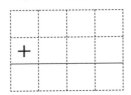

④ 4.6 + 2.5

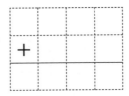

⑤ 8.4 + 6.9

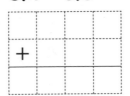

⑥ 23.5 + 6.3

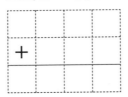

⑦ 7.4 + 18.2

⑧ 37.5 + 41.4

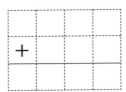

⑨ 15.6 + 26.7

⑩ 58.4 + 43.8

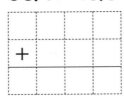

⑪ 0.34 + 0.52

⑫ 0.19 + 0.27

⑬ 3.44 + 0.36

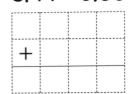

⑭ 2.95 + 4.43

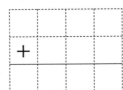

⑮ 8.06 + 2.45

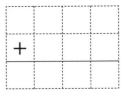

자릿수가 같은 소수의 덧셈

★ 소수의 덧셈을 하시오.

①
```
    0.1
+   0.6
```

②
```
    0.5
+   0.6
```

③
```
    0.3
+   0.7
```

④
```
    5.2
+   2.7
```

⑤
```
    4.8
+   3.6
```

⑥
```
    7.4
+   8.5
```

⑦
```
  1 6.2
+   3.7
```

⑧
```
  3 4.5
+   6.8
```

⑨
```
    5.4
+ 5 9.6
```

⑩
```
  2 4.4
+ 4 3.5
```

⑪
```
  3 8.1
+ 2 9.3
```

⑫
```
  4 7.5
+ 6 2.9
```

⑬
```
  0.4 6
+ 0.2 3
```

⑭
```
  0.5 8
+ 0.4 4
```

⑮
```
  0.7 2
+ 0.5 9
```

⑯
```
  3.2 6
+ 1.7 3
```

⑰
```
  5.4 9
+ 2.7 2
```

⑱
```
  8.3 8
+ 4.8 6
```

날짜	월	일
시간	분	초
오답 수	/	15

자릿수가 같은 소수의 덧셈

★ 소수의 덧셈을 하시오.

① 0.4 + 0.5

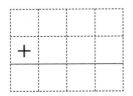

⑥ 22.3 + 5.6

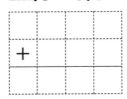

⑪ 0.27 + 0.42

② 0.6 + 0.8

⑦ 7.2 + 38.8

⑫ 0.85 + 0.68

③ 5.4 + 2.4

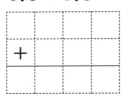

⑧ 25.1 + 53.5

⑬ 2.93 + 1.75

④ 7.2 + 6.8

⑨ 45.7 + 18.9

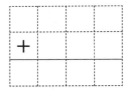

⑭ 5.42 + 3.49

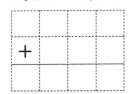

⑤ 9.6 + 4.7

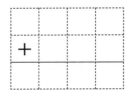

⑩ 31.6 + 68.5

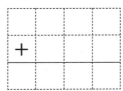

⑮ 7.44 + 5.89

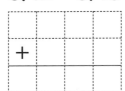

자릿수가 같은 소수의 덧셈

● 표준완성시간 : 3~4분

★ 소수의 덧셈을 하시오.

①
```
    0.3
+   0.5
```

②
```
    0.7
+   0.4
```

③
```
    0.8
+   0.6
```

④
```
    2.5
+   5.3
```

⑤
```
    6.4
+   3.7
```

⑥
```
    5.6
+   7.8
```

⑦
```
   24.1
+   5.8
```

⑧
```
   19.4
+   7.3
```

⑨
```
    8.6
+  38.5
```

⑩
```
   42.3
+  16.5
```

⑪
```
   57.8
+  23.4
```

⑫
```
   36.7
+  65.9
```

⑬
```
   0.72
+  0.16
```

⑭
```
   0.47
+  0.84
```

⑮
```
   0.29
+  0.97
```

⑯
```
   5.35
+  0.78
```

⑰
```
   4.86
+  7.55
```

⑱
```
   8.93
+  3.37
```

B형 자릿수가 같은 소수의 덧셈

★ 소수의 덧셈을 하시오.

① 0.7 + 0.1
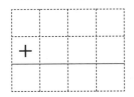

⑥ 14.3 + 8.5
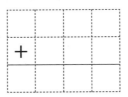

⑪ 0.16 + 0.51

② 0.8 + 0.4
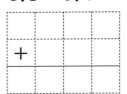

⑦ 6.7 + 49.4
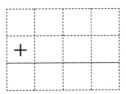

⑫ 0.48 + 0.73

③ 4.3 + 3.6
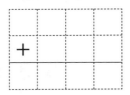

⑧ 22.6 + 17.3
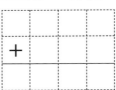

⑬ 4.62 + 3.36
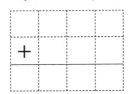

④ 5.8 + 7.5
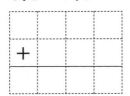

⑨ 56.9 + 38.6
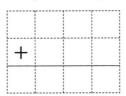

⑭ 2.84 + 6.95

⑤ 9.8 + 3.7
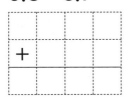

⑩ 73.5 + 19.8
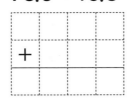

⑮ 7.76 + 8.47

자릿수가 같은 소수의 덧셈

★ 소수의 덧셈을 하시오.

①
```
    0.4
+   0.2
```

②
```
    0.5
+   0.9
```

③
```
    0.6
+   0.7
```

④
```
    3.5
+   4.4
```

⑤
```
    2.7
+   6.6
```

⑥
```
    5.9
+   8.4
```

⑦
```
  1 8.3
+   1.5
```

⑧
```
  2 6.8
+   2.7
```

⑨
```
    9.8
+ 4 4.5
```

⑩
```
  3 3.4
+ 1 5.4
```

⑪
```
  5 6.8
+ 2 7.3
```

⑫
```
  6 9.7
+ 4 8.6
```

⑬
```
  0.3 7
+ 0.6 2
```

⑭
```
  0.9 4
+ 0.7 3
```

⑮
```
  0.2 9
+ 0.8 8
```

⑯
```
  6.3 4
+ 2.5 1
```

⑰
```
  3.8 6
+ 4.3 7
```

⑱
```
  8.6 8
+ 5.4 5
```

B형

자릿수가 같은 소수의 덧셈

★ 소수의 덧셈을 하시오.

① 0.3 + 0.4

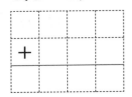

⑥ 36.2 + 3.6

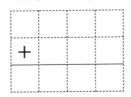

⑪ 0.45 + 0.32

② 0.6 + 0.9

⑦ 8.4 + 25.7

⑫ 0.71 + 0.54

③ 4.2 + 2.7

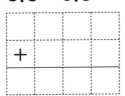

⑧ 18.6 + 20.2

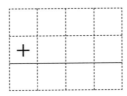

⑬ 3.38 + 5.26

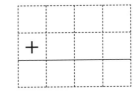

④ 6.8 + 5.4

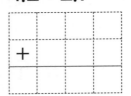

⑨ 41.7 + 26.4

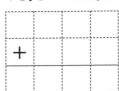

⑭ 4.94 + 7.28

⑤ 8.8 + 3.6

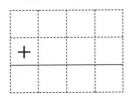

⑩ 58.6 + 71.5

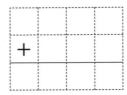

⑮ 6.83 + 5.17

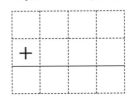

자릿수가 같은 소수의 덧셈

★ 소수의 덧셈을 하시오.

①
```
    0.2
+   0.3
```

②
```
    0.4
+   0.7
```

③
```
    0.9
+   0.8
```

④
```
    4.6
+   5.2
```

⑤
```
    8.5
+   3.7
```

⑥
```
    7.4
+   9.9
```

⑦
```
  2 7.1
+   5.6
```

⑧
```
  4 3.9
+   9.4
```

⑨
```
    8.8
+ 3 6.5
```

⑩
```
  1 9.5
+ 1 4.3
```

⑪
```
  6 1.7
+ 2 5.4
```

⑫
```
  4 5.6
+ 8 7.6
```

⑬
```
  0.5 4
+ 0.3 5
```

⑭
```
  0.8 8
+ 0.4 5
```

⑮
```
  0.7 4
+ 0.6 3
```

⑯
```
  1.6 5
+ 5.0 3
```

⑰
```
  4.8 2
+ 9.3 6
```

⑱
```
  7.6 9
+ 6.7 4
```

● 표준완성시간 : 3~4분

날짜	월	일
시간	분	초
오답 수		/ 15

자릿수가 같은 소수의 덧셈

★ 소수의 덧셈을 하시오.

① 0.6 + 0.2

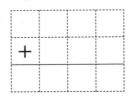

⑥ 42.5 + 6.2

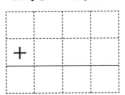

⑪ 0.74 + 0.15

② 0.3 + 0.9

⑦ 5.8 + 29.3

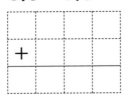

⑫ 0.48 + 0.69

③ 3.4 + 0.5

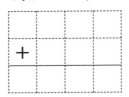

⑧ 16.7 + 22.5

⑬ 1.83 + 4.26

④ 6.7 + 5.4

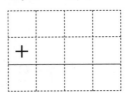

⑨ 38.4 + 47.1

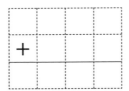

⑭ 5.77 + 3.45

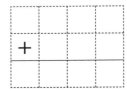

⑤ 8.6 + 4.8

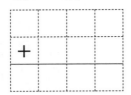

⑩ 77.6 + 28.8

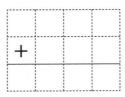

⑮ 9.58 + 2.67

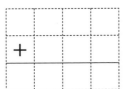

자릿수가 다른 소수의 덧셈

● 결과 기록지

① 1~5일차 학습에 걸린 시간을 각각 재서 그래프에 점을 찍습니다.
② 점과 점을 연결하여 기록의 변화를 확인합니다.
③ 오답 수를 세어 오답 수 칸에 씁니다.

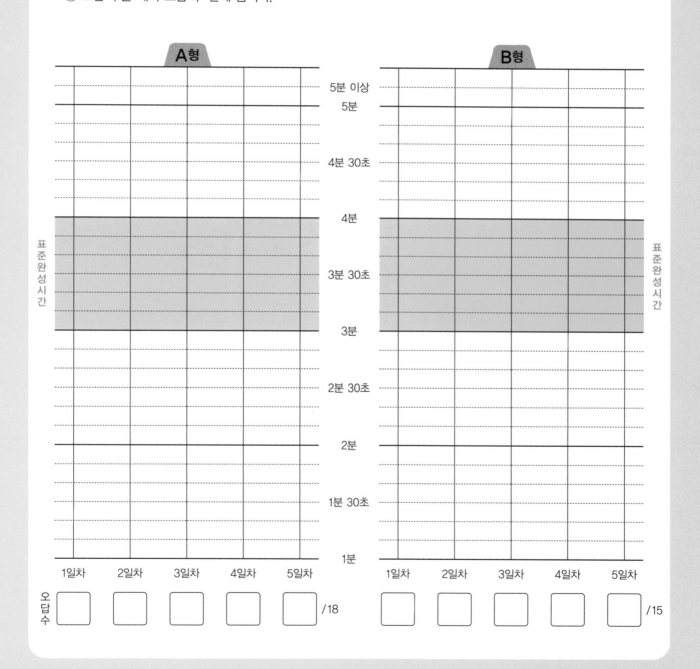

자릿수가 다른 소수의 덧셈

● 자릿수가 다른 소수의 덧셈

자릿수가 다른 소수의 덧셈은 소수점의 자리를 맞춘 후, 자릿수가 같은 소수의 덧셈과 같은 방법으로 계산합니다.

0.3+0.42는
자릿수가 다른데
어떻게 계산하지?

0.3은 0.30과
같아. 0.30+0.42는
계산할 수 있지?

세로셈의 예

		1		
	1	**.3**	**4**	
+	**2**	**.8**	0	
	4	.1	4	

소수 둘째 자리 계산 : 4+0=4
소수 첫째 자리 계산 : 3+8=11
일의 자리 계산 : 1+1+2=4

가로셈의 예

$$2.361 + 3.58 = 5.941$$

	1			
2	**.3**	**6**	**1**
+ 3	**.5**	**8**	0
5	.9	4	1

소수 셋째 자리 계산 : 1+0=1
소수 둘째 자리 계산 : 6+8=14
소수 첫째 자리 계산 : 1+3+5=9
일의 자리 계산 : 2+3=5

자릿수가 다른 소수의 덧셈

1일차

★ 소수의 덧셈을 하시오.

①
```
      2
+   1.4 2
```

②
```
      6
+   5.8 3
```

③
```
    3.2 5
+   2.3
```

④
```
    4.5 7
+   1.8
```

⑤
```
    7.3
+   0.1 6
```

⑥
```
    5.8
+   2.4 5
```

⑦
```
  1 4.5 2
+     3.3
```

⑧
```
    2 5.7
+     6.2 1
```

⑨
```
    3 8.4
+     5.7 4
```

⑩
```
      6.3 8
+   1 3.5
```

⑪
```
      4.6 2
+   4 3.8
```

⑫
```
      7.5
+   5 4.9 3
```

⑬
```
    0.4 2 4
+   2.3 6
```

⑭
```
    3.2 7 5
+   1.5 8
```

⑮
```
    2.8 3 3
+   4.6
```

⑯
```
    6.3
+   0.4 5 3
```

⑰
```
    4.0 9
+   5.5 4 7
```

⑱
```
    8.3 6
+   3.8 4 6
```

자릿수가 다른 소수의 덧셈

★ 소수의 덧셈을 하시오.

① 4 + 8.29

⑥ 16.47 + 5.4

⑪ 1.532 + 3.24

② 2.16 + 5.5

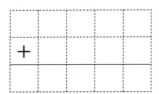

⑦ 33.8 + 2.56

⑫ 4.595 + 3.7

③ 6.42 + 7.6

⑧ 4.29 + 52.7

⑬ 7.4 + 2.608

④ 8.3 + 1.63

⑨ 6.64 + 28.9

⑭ 5.45 + 4.293

⑤ 7.5 + 4.84

⑩ 8.5 + 39.23

⑮ 2.69 + 8.541

2일차

자릿수가 다른 소수의 덧셈

● 표준완성시간 : 3~4분

날짜	월	일
시간	분	초
오답 수	/ 18	

A형

★ 소수의 덧셈을 하시오.

①
```
      5
  +  3.6 4
```

②
```
      4
  +  2.9 3
```

③
```
    1.7 5
  + 2.5
```

④
```
    3.1 7
  + 5.9
```

⑤
```
    6.5
  + 2.0 8
```

⑥
```
    8.6
  + 4.7 2
```

⑦
```
    2 3.7 1
  +     5.4
```

⑧
```
    1 9.3
  +    4.6 5
```

⑨
```
    4 6.6
  +    8.5 7
```

⑩
```
      4.2 9
  + 2 3.7
```

⑪
```
      6.7 8
  + 3 9.4
```

⑫
```
      8.7
  + 4 6.5 3
```

⑬
```
    1.6 2 5
  + 5.1 7
```

⑭
```
    4.5 7 4
  + 3.3 6
```

⑮
```
    9.7 2 1
  + 5.6
```

⑯
```
    7.2
  + 1.0 8 3
```

⑰
```
    6.7 2
  + 3.4 5 6
```

⑱
```
    5.7 8
  + 7.7 2 5
```

● 표준완성시간 : 3~4분

날짜	월	일
시간	분	초
오답 수		/ 15

자릿수가 다른 소수의 덧셈

★ 소수의 덧셈을 하시오.

① 8＋1.25

② 4.43＋2.6

③ 5.28＋3.9

④ 6.7＋2.56

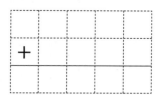

⑤ 3.8＋9.42

⑥ 25.29＋3.5

⑦ 46.4＋7.38

⑧ 5.84＋16.3

⑨ 7.29＋34.6

⑩ 6.7＋46.55

⑪ 7.456＋0.27

⑫ 2.938＋5.4

⑬ 6.5＋4.631

⑭ 3.65＋2.743

⑮ 5.72＋9.834

자릿수가 다른 소수의 덧셈

★ 소수의 덧셈을 하시오.

①
```
      3
+   2.6 5
```

②
```
      7
+   3.5 2
```

③
```
    2.7 3
+   5.2
```

④
```
    6.4 5
+   3.8
```

⑤
```
    5.7
+   1.4 8
```

⑥
```
    8.5
+   7.5 3
```

⑦
```
    2 7.4 6
+     5.5
```

⑧
```
    4 2.3
+     5.7 4
```

⑨
```
    1 9.8
+     7.3 6
```

⑩
```
      5.8 4
+   2 8.3
```

⑪
```
      9.2 7
+   5 3.4
```

⑫
```
      8.6
+   4 5.7 2
```

⑬
```
    2.7 3 6
+   1.2 5
```

⑭
```
    5.6 4 1
+   3.2 9
```

⑮
```
    7.1 6 3
+   0.9
```

⑯
```
    5.4
+   3.4 5 9
```

⑰
```
    6.5 3
+   2.8 4 2
```

⑱
```
    4.6 8
+   9.7 2 5
```

자릿수가 다른 소수의 덧셈

★ 소수의 덧셈을 하시오.

① 3 + 2.17

⑥ 43.27 + 2.6

⑪ 5.327 + 2.45

② 2.25 + 4.7

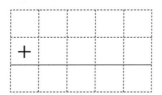

⑦ 82.3 + 6.54

⑫ 1.548 + 6.3

③ 7.34 + 2.5

⑧ 8.62 + 25.6

⑬ 4.7 + 3.948

④ 5.7 + 2.88

⑨ 5.76 + 41.9

⑭ 6.63 + 1.594

⑤ 4.9 + 6.59

⑩ 9.4 + 27.83

⑮ 8.35 + 3.782

4일차 자릿수가 다른 소수의 덧셈

★ 소수의 덧셈을 하시오.

①
```
    8
+ 0.5 3
```

②
```
    4
+ 7.8 2
```

③
```
  3.4 5
+ 6.3
```

④
```
  5.8 1
+ 2.7
```

⑤
```
  9.3
+ 6.2 8
```

⑥
```
  4.7
+ 7.6 3
```

⑦
```
  3 6.4 4
+     1.8
```

⑧
```
  4 2.5
+   3.7 1
```

⑨
```
  2 9.4
+   5.9 5
```

⑩
```
    3.7 3
+ 1 9.6
```

⑪
```
    6.5 2
+ 4 9.7
```

⑫
```
    9.4
+ 5 8.9 7
```

⑬
```
  1.8 3 9
+ 5.6 3
```

⑭
```
  3.4 1 7
+ 5.2 9
```

⑮
```
  8.4 6 3
+ 2.9
```

⑯
```
  8.5
+ 5.4 2 5
```

⑰
```
  7.2 8
+ 0.9 0 3
```

⑱
```
  5.7 4
+ 9.4 8 1
```

B형

날짜	월	일
시간	분	초
오답 수		/ 15

자릿수가 다른 소수의 덧셈

★ 소수의 덧셈을 하시오.

① 6 + 1.93

② 4.26 + 5.3

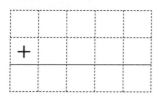

③ 8.21 + 5.7

④ 5.3 + 4.97

⑤ 7.8 + 6.46

⑥ 19.38 + 2.4

⑦ 33.9 + 3.85

⑧ 2.73 + 19.6

⑨ 6.64 + 28.3

⑩ 8.7 + 36.54

⑪ 3.276 + 2.41

⑫ 6.518 + 5.9

⑬ 2.8 + 3.448

⑭ 5.68 + 2.737

⑮ 9.27 + 1.969

5일차 자릿수가 다른 소수의 덧셈

★ 소수의 덧셈을 하시오.

①
```
     1
+  4.6 2
```

②
```
    5
+ 3.8 8
```

③
```
  6.7 4
+ 6.5
```

④
```
  4.8 3
+ 3.8
```

⑤
```
  5.9
+ 2.6 3
```

⑥
```
  7.6
+ 8.8 1
```

⑦
```
  4 2.3 8
+     6.4
```

⑧
```
  2 7.8
+    4.5 6
```

⑨
```
  3 6.5
+    2.9 8
```

⑩
```
     6.9 7
+ 5 1.7
```

⑪
```
     4.8 6
+ 1 9.4
```

⑫
```
     7.7
+ 2 9.6 2
```

⑬
```
  4.2 5 7
+ 1.5 3
```

⑭
```
  5.5 4 6
+ 3.6 4
```

⑮
```
  3.2 9 7
+ 2.8
```

⑯
```
  2.6
+ 4.2 7 1
```

⑰
```
  1.6 9
+ 0.9 2 5
```

⑱
```
  8.4 9
+ 7.8 3 3
```

자릿수가 다른 소수의 덧셈

★ 소수의 덧셈을 하시오.

① 5 + 6.34

⑥ 56.28 + 5.7

⑪ 5.199 + 2.56

② 3.18 + 6.5

⑦ 68.4 + 1.72

⑫ 4.075 + 8.4

③ 2.99 + 8.3

⑧ 4.89 + 25.3

⑬ 7.3 + 2.359

④ 8.5 + 2.83

⑨ 3.72 + 64.5

⑭ 6.68 + 5.253

⑤ 6.6 + 4.72

⑩ 7.6 + 48.92

⑮ 8.43 + 1.897

자릿수가 같은 소수의 뺄셈

● **결과 기록지**

① 1~5일차 학습에 걸린 시간을 각각 재서 그래프에 점을 찍습니다.
② 점과 점을 연결하여 기록의 변화를 확인합니다.
③ 오답 수를 세어 오답 수 칸에 씁니다.

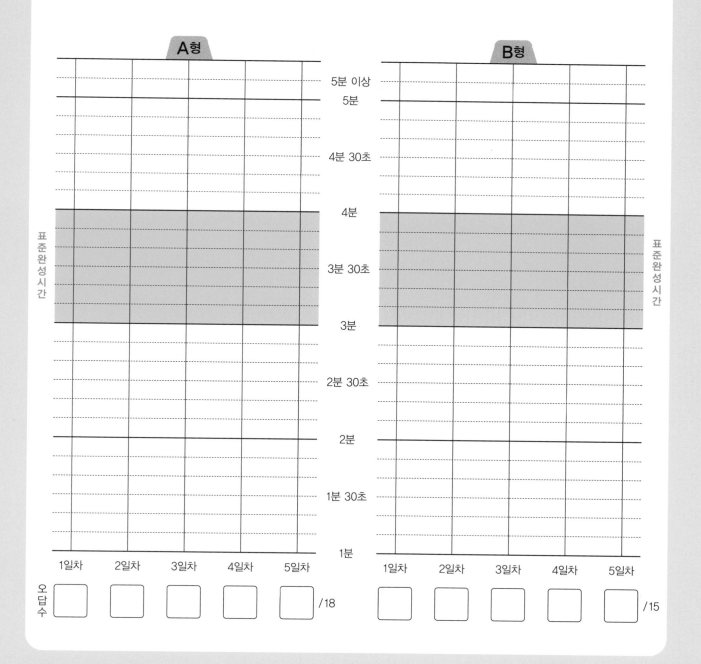

자릿수가 같은 소수의 뺄셈

● 자릿수가 같은 소수의 뺄셈

자릿수가 같은 소수의 뺄셈은 소수점의 자리를 맞추어 자연수의 뺄셈과 같은 방법으로 계산하고 소수점을 그대로 내려 찍습니다.

예 0.8-0.3의 계산

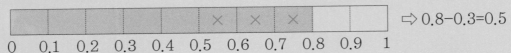

⇨ 0.8-0.3=0.5

예 0.54-0.26의 계산

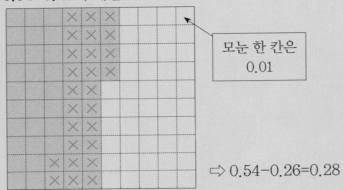

모눈 한 칸은 0.01

⇨ 0.54-0.26=0.28

세로셈의 예

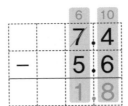

소수 첫째 자리 계산 : 10+4-6=8
일의 자리 계산 : 6-5=1

가로셈의 예

4.54 − 1.37 = 3.17

소수 둘째 자리 계산 : 10+4-7=7
소수 첫째 자리 계산 : 4-3=1
일의 자리 계산 : 4-1=3

자릿수가 같은 소수의 뺄셈

★ 소수의 뺄셈을 하시오.

①
```
    0.6
  - 0.2
```

②
```
    0.7
  - 0.5
```

③
```
    1.6
  - 0.4
```

④
```
    2.3
  - 0.8
```

⑤
```
    3.2
  - 1.3
```

⑥
```
    5.4
  - 2.7
```

⑦
```
   1 9.7
  -   5.3
```

⑧
```
   2 3.4
  -   6.5
```

⑨
```
   4 1.2
  -   7.4
```

⑩
```
   3 8.5
  - 1 4.2
```

⑪
```
   5 4.6
  - 1 5.3
```

⑫
```
   4 3.1
  - 2 5.8
```

⑬
```
    0.5 9
  - 0.3 4
```

⑭
```
    0.2 7
  - 0.1 9
```

⑮
```
    0.8 2
  - 0.4 6
```

⑯
```
    5.2 6
  - 0.1 4
```

⑰
```
    7.2 3
  - 2.4 5
```

⑱
```
    6.4 7
  - 3.7 2
```

자릿수가 같은 소수의 뺄셈

★ 소수의 뺄셈을 하시오.

① 0.4 - 0.1

② 0.5 - 0.3

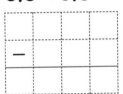

③ 3.5 - 0.7

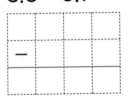

④ 4.8 - 2.5

⑤ 6.3 - 3.6

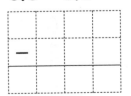

⑥ 38.4 - 7.1

⑦ 24.5 - 3.7

⑧ 46.7 - 14.5

⑨ 52.9 - 28.3

⑩ 64.2 - 35.9

⑪ 0.84 - 0.25

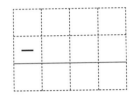

⑫ 0.63 - 0.19

⑬ 4.35 - 0.17

⑭ 6.74 - 1.48

⑮ 5.22 - 2.85

자릿수가 같은 소수의 뺄셈

★ 소수의 뺄셈을 하시오.

①
$$\begin{array}{r} 0.5 \\ -\ 0.3 \\ \hline \end{array}$$

②
$$\begin{array}{r} 0.9 \\ -\ 0.4 \\ \hline \end{array}$$

③
$$\begin{array}{r} 2.3 \\ -\ 0.8 \\ \hline \end{array}$$

④
$$\begin{array}{r} 3.7 \\ -\ 1.6 \\ \hline \end{array}$$

⑤
$$\begin{array}{r} 6.5 \\ -\ 4.7 \\ \hline \end{array}$$

⑥
$$\begin{array}{r} 8.2 \\ -\ 5.4 \\ \hline \end{array}$$

⑦
$$\begin{array}{r} 27.8 \\ -\ \ \ 6.7 \\ \hline \end{array}$$

⑧
$$\begin{array}{r} 31.6 \\ -\ \ \ 5.3 \\ \hline \end{array}$$

⑨
$$\begin{array}{r} 48.2 \\ -\ \ \ 6.5 \\ \hline \end{array}$$

⑩
$$\begin{array}{r} 23.7 \\ -\ 12.2 \\ \hline \end{array}$$

⑪
$$\begin{array}{r} 51.3 \\ -\ 27.5 \\ \hline \end{array}$$

⑫
$$\begin{array}{r} 66.1 \\ -\ 19.6 \\ \hline \end{array}$$

⑬
$$\begin{array}{r} 0.34 \\ -\ 0.12 \\ \hline \end{array}$$

⑭
$$\begin{array}{r} 0.51 \\ -\ 0.28 \\ \hline \end{array}$$

⑮
$$\begin{array}{r} 0.46 \\ -\ 0.17 \\ \hline \end{array}$$

⑯
$$\begin{array}{r} 4.55 \\ -\ 0.63 \\ \hline \end{array}$$

⑰
$$\begin{array}{r} 5.62 \\ -\ 3.44 \\ \hline \end{array}$$

⑱
$$\begin{array}{r} 8.43 \\ -\ 6.49 \\ \hline \end{array}$$

자릿수가 같은 소수의 뺄셈

★ 소수의 뺄셈을 하시오.

① 0.3 - 0.2

② 0.8 - 0.4
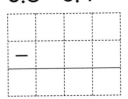

③ 4.6 - 0.5

④ 2.3 - 1.9

⑤ 5.5 - 4.7
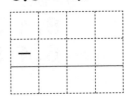

⑥ 14.8 - 5.2

⑦ 43.2 - 7.4

⑧ 28.8 - 15.3

⑨ 62.5 - 48.1

⑩ 81.4 - 57.6

⑪ 0.59 - 0.27

⑫ 0.83 - 0.45

⑬ 3.68 - 1.28

⑭ 4.25 - 2.63

⑮ 7.24 - 1.98

자릿수가 같은 소수의 뺄셈

★ 소수의 뺄셈을 하시오.

①
```
    0.4
  - 0.3
```

②
```
    0.6
  - 0.4
```

③
```
    4.8
  - 0.5
```

④
```
    3.4
  - 0.9
```

⑤
```
    5.8
  - 4.4
```

⑥
```
    7.3
  - 2.8
```

⑦
```
  2 6.3
  -  4.1
```

⑧
```
  1 7.4
  -  3.5
```

⑨
```
  5 2.6
  -  8.8
```

⑩
```
  4 4.5
  - 1 2.4
```

⑪
```
  3 6.1
  - 1 4.7
```

⑫
```
  7 3.3
  - 2 9.6
```

⑬
```
  0.6 8
  - 0.4 5
```

⑭
```
  0.7 7
  - 0.3 9
```

⑮
```
  0.8 3
  - 0.6 9
```

⑯
```
  4.9 4
  - 1.2 7
```

⑰
```
  7.2 5
  - 3.3 4
```

⑱
```
  6.1 5
  - 2.6 8
```

B형

날짜	월	일
시간	분	초
오답 수	/	15

자릿수가 같은 소수의 뺄셈

★ 소수의 뺄셈을 하시오.

① 0.7 - 0.3
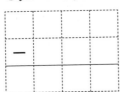

② 0.9 - 0.6
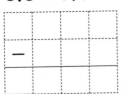

③ 2.5 - 0.6
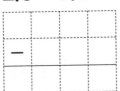

④ 5.3 - 1.7
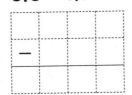

⑤ 4.2 - 2.8

⑥ 45.6 - 4.2
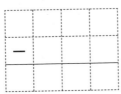

⑦ 38.1 - 6.4

⑧ 53.8 - 25.5

⑨ 27.2 - 16.7

⑩ 62.3 - 49.4

⑪ 0.75 - 0.25

⑫ 0.45 - 0.26

⑬ 4.39 - 0.54

⑭ 8.33 - 7.64

⑮ 5.02 - 2.33

자릿수가 같은 소수의 뺄셈

★ 소수의 뺄셈을 하시오.

①
```
    0.9
  - 0.7
```

②
```
    0.5
  - 0.4
```

③
```
    2.7
  - 0.2
```

④
```
    1.3
  - 0.5
```

⑤
```
    5.7
  - 3.6
```

⑥
```
    7.2
  - 4.9
```

⑦
```
   30.7
  -  5.1
```

⑧
```
   29.3
  -  7.6
```

⑨
```
   15.2
  -  6.4
```

⑩
```
   49.3
  - 32.5
```

⑪
```
   32.4
  - 17.7
```

⑫
```
   82.5
  - 44.7
```

⑬
```
    0.43
  - 0.27
```

⑭
```
    0.73
  - 0.54
```

⑮
```
    0.91
  - 0.76
```

⑯
```
    5.17
  - 0.72
```

⑰
```
    8.31
  - 4.55
```

⑱
```
    4.05
  - 1.89
```

자릿수가 같은 소수의 뺄셈

★ 소수의 뺄셈을 하시오.

① 0.5 - 0.2

② 0.8 - 0.6

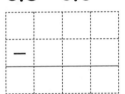

③ 3.6 - 0.8

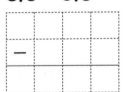

④ 7.4 - 4.5

⑤ 5.1 - 1.3

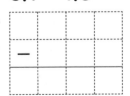

⑥ 27.9 - 6.5

⑦ 14.6 - 8.3

⑧ 40.3 - 12.1

⑨ 38.4 - 23.6

⑩ 51.5 - 18.7

⑪ 0.76 - 0.52

⑫ 0.64 - 0.27

⑬ 1.77 - 0.83

⑭ 6.36 - 5.74

⑮ 9.02 - 6.44

자릿수가 같은 소수의 뺄셈

★ 소수의 뺄셈을 하시오.

①
```
    0.6
  - 0.3
```

②
```
    0.9
  - 0.2
```

③
```
    3.8
  - 0.7
```

④
```
    5.2
  - 0.4
```

⑤
```
    8.6
  - 5.4
```

⑥
```
    6.1
  - 4.6
```

⑦
```
   4 9.5
  -  7.2
```

⑧
```
   2 0.3
  -   9.5
```

⑨
```
   1 6.7
  -   8.8
```

⑩
```
   5 4.8
  - 3 0.9
```

⑪
```
   4 3.7
  - 1 9.4
```

⑫
```
   6 0.2
  - 2 5.3
```

⑬
```
    0.7 8
  - 0.3 2
```

⑭
```
    0.5 3
  - 0.2 9
```

⑮
```
    0.2 4
  - 0.1 7
```

⑯
```
    3.4 9
  - 1.1 6
```

⑰
```
    5.4 3
  - 2.6 5
```

⑱
```
    7.0 2
  - 6.9 1
```

날짜	월	일
시간	분	초
오답 수		/ 15

자릿수가 같은 소수의 뺄셈

★ 소수의 뺄셈을 하시오.

① 0.4 - 0.2

⑥ 57.8 - 6.7

⑪ 0.56 - 0.33

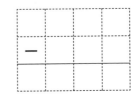

② 0.7 - 0.4

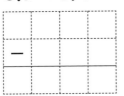

⑦ 33.5 - 5.8

⑫ 0.81 - 0.49

③ 5.4 - 0.9

⑧ 64.7 - 42.3

⑬ 2.83 - 0.36

④ 7.7 - 3.8

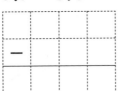

⑨ 28.2 - 14.6

⑭ 5.52 - 1.05

⑤ 4.5 - 3.6

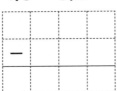

⑩ 40.3 - 26.5

⑮ 3.43 - 1.97

080단계 자릿수가 다른 소수의 뺄셈

● 결과 기록지

① 1~5일차 학습에 걸린 시간을 각각 재서 그래프에 점을 찍습니다.
② 점과 점을 연결하여 기록의 변화를 확인합니다.
③ 오답 수를 세어 오답 수 칸에 씁니다.

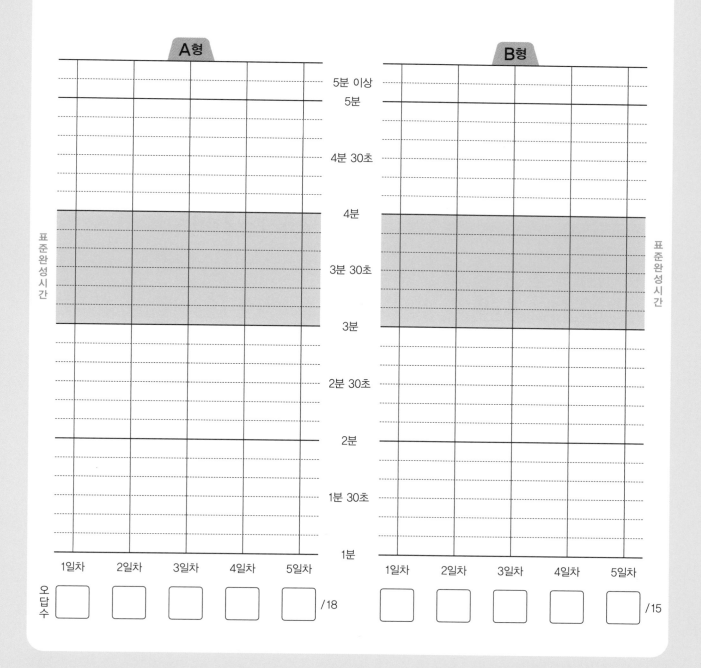

자릿수가 다른 소수의 뺄셈

● 자릿수가 다른 소수의 뺄셈

자릿수가 다른 소수의 뺄셈은 소수점의 자리를 맞춘 후, 자릿수가 같은 소수의 뺄셈과 같은 방법으로 계산합니다.

자릿수가 달라서
엄청 어렵지만
내가 해볼게

소수점 자리 맞추고
자릿수가 같은 소수의
뺄셈처럼 하면
되는데 뭘.

세로셈의 예

	1	12		10	
−	2	3 .	5	4
		4 .	8	0
	1	8 .	7	4

소수 둘째 자리 계산 : 4−0=4
소수 첫째 자리 계산 : 10+5−8=7
일의 자리 계산 : 12−4=8
십의 자리 숫자 : 1

가로셈의 예

$$7.521 - 2.49 = 5.031$$

		4	10	
	7 .	5	2	1
−	2 .	4	9	0
	5 .	0	3	1

소수 셋째 자리 계산 : 1−0=1
소수 둘째 자리 계산 : 10+2−9=3
소수 첫째 자리 계산 : 4−4=0
일의 자리 계산 : 7−2=5

자릿수가 다른 소수의 뺄셈

★ 소수의 뺄셈을 하시오.

①
```
    2 3.4
  -     8
```

⑦
```
    1 6.8 3
  -     4.6
```

⑬
```
    4.6 7 6
  - 0.5 2
```

②
```
    1 5
  -   6.3
```

⑧
```
    3 5.2 1
  - 2 2.4
```

⑭
```
    3.4 0 3
  - 1.6 9
```

③
```
    5.3 2
  - 0.5
```

⑨
```
    2 3.6 4
  - 1 5.8
```

⑮
```
    0.8 2
  - 0.3 1 7
```

④
```
    3.2 6
  - 1.7
```

⑩
```
    4 6.7
  -   3.3 2
```

⑯
```
    5.7 5
  - 3.4 3 5
```

⑤
```
    8.4
  - 0.2 3
```

⑪
```
    5 0.3
  - 3 7.4 1
```

⑰
```
    7.2 8
  - 4.3 1 8
```

⑥
```
    4.3
  - 1.4 4
```

⑫
```
    3 5
  - 1 2.5 5
```

⑱
```
    6
  - 3.5 4 7
```

B형

날짜	월	일
시간	분	초
오답 수	/ 15	

자릿수가 다른 소수의 뺄셈

★ 소수의 뺄셈을 하시오.

① 42.3 − 15

⑥ 28.64 − 5.7

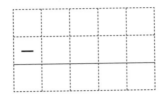

⑪ 1.485 − 0.37

② 29 − 3.6

⑦ 43.62 − 18.3

⑫ 2.042 − 1.49

③ 3.42 − 1.8

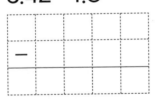

⑧ 52.9 − 1.59

⑬ 3.43 − 1.516

④ 6.5 − 2.21

⑨ 21.5 − 14.46

⑭ 4.88 − 3.594

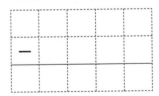

⑤ 5.2 − 3.47

⑩ 39 − 25.33

⑮ 7 − 2.541

자릿수가 다른 소수의 뺄셈

★ 소수의 뺄셈을 하시오.

①
```
    4 4 . 5
-       7
```

②
```
    2 6
-     9 . 4
```

③
```
    3 . 2 5
-   2 . 3
```

④
```
    6 . 0 4
-   3 . 7
```

⑤
```
    5 . 3
-   1 . 5 2
```

⑥
```
    6 . 5
-   2 . 7 5
```

⑦
```
    2 3 . 1 7
-      5 . 3
```

⑧
```
    4 8 . 3 2
-   1 5 . 9
```

⑨
```
    1 1 . 4 3
-   1 0 . 8
```

⑩
```
    5 4 . 6
-      2 . 4 2
```

⑪
```
    6 1 . 4
-   2 5 . 3 7
```

⑫
```
    4 0
-   1 9 . 2 8
```

⑬
```
    5 . 7 5 3
-   1 . 4 4
```

⑭
```
    3 . 2 7 9
-   0 . 7 8
```

⑮
```
    1 . 7 5
-   0 . 4 2 5
```

⑯
```
    4 . 9 2
-   2 . 3 3 7
```

⑰
```
    6 . 0 4
-   4 . 1 2 3
```

⑱
```
    8
-   5 . 1 0 8
```

•표준완성시간 : 3~4분

날짜	월	일
시간	분	초
오답 수		/ 15

자릿수가 다른 소수의 뺄셈

★ 소수의 뺄셈을 하시오.

① 63.5 − 26

② 35 − 4.9

③ 5.72 − 3.5

④ 4.3 − 3.42

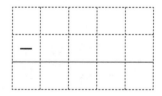

⑤ 7.4 − 5.61

⑥ 42.58 − 8.4

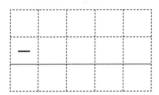

⑦ 28.52 − 14.7

⑧ 34.6 − 2.43

⑨ 64.3 − 28.27

⑩ 44 − 28.84

⑪ 3.276 − 1.55

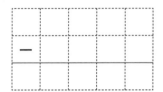

⑫ 6.183 − 5.2

⑬ 4.75 − 2.623

⑭ 7.28 − 6.437

⑮ 9 − 5.105

자릿수가 다른 소수의 뺄셈

★ 소수의 뺄셈을 하시오.

①
$$\begin{array}{r} 2\ 3.2 \\ -\quad 1\ 4 \\ \hline \end{array}$$

②
$$\begin{array}{r} 4\ 5 \\ -\ 2\ 4.3 \\ \hline \end{array}$$

③
$$\begin{array}{r} 8.4\ 3 \\ -\ 5.6 \\ \hline \end{array}$$

④
$$\begin{array}{r} 2.0\ 3 \\ -\ 0.4 \\ \hline \end{array}$$

⑤
$$\begin{array}{r} 5.6 \\ -\ 2.4\ 7 \\ \hline \end{array}$$

⑥
$$\begin{array}{r} 7.1 \\ -\ 4.6\ 5 \\ \hline \end{array}$$

⑦
$$\begin{array}{r} 2\ 4.9\ 3 \\ -\quad 1.8 \\ \hline \end{array}$$

⑧
$$\begin{array}{r} 5\ 1.0\ 5 \\ -\ 2\ 8.3 \\ \hline \end{array}$$

⑨
$$\begin{array}{r} 3\ 5.8\ 9 \\ -\ 2\ 4.9 \\ \hline \end{array}$$

⑩
$$\begin{array}{r} 1\ 8.4 \\ -\quad 5.3\ 6 \\ \hline \end{array}$$

⑪
$$\begin{array}{r} 4\ 2.7 \\ -\ 1\ 9.5\ 4 \\ \hline \end{array}$$

⑫
$$\begin{array}{r} 2\ 8 \\ -\ 1\ 6.4\ 2 \\ \hline \end{array}$$

⑬
$$\begin{array}{r} 5.4\ 0\ 3 \\ -\ 0.8\ 7 \\ \hline \end{array}$$

⑭
$$\begin{array}{r} 2.5\ 1\ 6 \\ -\ 1.4\ 4 \\ \hline \end{array}$$

⑮
$$\begin{array}{r} 3.6\ 4 \\ -\ 1.2\ 7\ 3 \\ \hline \end{array}$$

⑯
$$\begin{array}{r} 7.4\ 7 \\ -\ 3.2\ 5\ 5 \\ \hline \end{array}$$

⑰
$$\begin{array}{r} 5.4\ 2 \\ -\ 3.5\ 4\ 2 \\ \hline \end{array}$$

⑱
$$\begin{array}{r} 8 \\ -\ 6.2\ 1\ 9 \\ \hline \end{array}$$

● 표준완성시간 : 3~4분

날짜	월	일
시간	분	초
오답 수		/ 15

자릿수가 다른 소수의 뺄셈

★ 소수의 뺄셈을 하시오.

① 15.3 − 9

⑥ 30.82 − 8.5

⑪ 1.695 − 0.24

② 44 − 15.5

⑦ 27.45 − 14.6

⑫ 3.326 − 1.08

③ 2.68 − 0.7

⑧ 48.3 − 6.27

⑬ 5.17 − 2.653

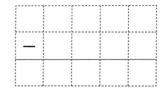

④ 5.4 − 3.52

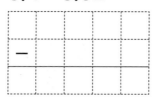

⑨ 50.3 − 26.07

⑭ 2.49 − 0.665

⑤ 6.3 − 5.51

⑩ 19 − 5.49

⑮ 4 − 1.979

자릿수가 다른 소수의 뺄셈

★ 소수의 뺄셈을 하시오.

①
$$\begin{array}{r} 2\ 4.5 \\ -\ \ \ 9 \\ \hline \end{array}$$

②
$$\begin{array}{r} 1\ 6 \\ -\ \ 7.3 \\ \hline \end{array}$$

③
$$\begin{array}{r} 2.7\ 8 \\ -\ 1.5 \\ \hline \end{array}$$

④
$$\begin{array}{r} 4.2\ 4 \\ -\ 3.6 \\ \hline \end{array}$$

⑤
$$\begin{array}{r} 8.2 \\ -\ 5.1\ 4 \\ \hline \end{array}$$

⑥
$$\begin{array}{r} 5.2 \\ -\ 2.8\ 8 \\ \hline \end{array}$$

⑦
$$\begin{array}{r} 3\ 3.4\ 5 \\ -\ 5.5 \\ \hline \end{array}$$

⑧
$$\begin{array}{r} 2\ 9.6\ 3 \\ -\ 1\ 5.7 \\ \hline \end{array}$$

⑨
$$\begin{array}{r} 2\ 3.5\ 2 \\ -\ 1\ 2.6 \\ \hline \end{array}$$

⑩
$$\begin{array}{r} 3\ 5.8 \\ -\ \ 5.6\ 9 \\ \hline \end{array}$$

⑪
$$\begin{array}{r} 4\ 2.7 \\ -\ 3\ 3.4\ 6 \\ \hline \end{array}$$

⑫
$$\begin{array}{r} 6\ 1 \\ -\ 4\ 8.3\ 2 \\ \hline \end{array}$$

⑬
$$\begin{array}{r} 2.7\ 2\ 4 \\ -\ 0.8\ 3 \\ \hline \end{array}$$

⑭
$$\begin{array}{r} 4.1\ 2\ 5 \\ -\ 2.4\ 5 \\ \hline \end{array}$$

⑮
$$\begin{array}{r} 5.3\ 8 \\ -\ 2.1\ 6\ 4 \\ \hline \end{array}$$

⑯
$$\begin{array}{r} 3.8\ 3 \\ -\ 1.2\ 7\ 5 \\ \hline \end{array}$$

⑰
$$\begin{array}{r} 4.1\ 1 \\ -\ 3.2\ 5\ 7 \\ \hline \end{array}$$

⑱
$$\begin{array}{r} 6 \\ -\ 3.5\ 6\ 6 \\ \hline \end{array}$$

B 형

날짜	월	일
시간	분	초
오답 수		/ 15

자릿수가 다른 소수의 뺄셈

★ 소수의 뺄셈을 하시오.

① 33.5 - 16

⑥ 22.61 - 8.2

⑪ 5.447 - 2.36

② 27 - 14.7

⑦ 34.12 - 25.3

⑫ 2.587 - 0.75

③ 5.44 - 3.6

⑧ 55.4 - 9.72

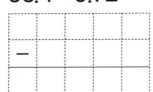

⑬ 4.43 - 1.495

④ 3.5 - 1.68

⑨ 73.2 - 48.32

⑭ 6.82 - 3.374

⑤ 4.9 - 2.75

⑩ 26 - 8.74

⑮ 3 - 1.513

자릿수가 다른 소수의 뺄셈

★ 소수의 뺄셈을 하시오.

①
```
    1 2.4
-     6
```

②
```
    4 2
-     8.5
```

③
```
    3.2 7
-   0.5
```

④
```
    5.1 6
-   4.4
```

⑤
```
    6.3
-   3.2 5
```

⑥
```
    4.7
-   1.9 6
```

⑦
```
    4 1.5 9
-     7.3
```

⑧
```
    2 8.8 4
-   1 3.5
```

⑨
```
    3 9.4 8
-   2 5.3
```

⑩
```
    5 2.9
-     9.4 4
```

⑪
```
    5 6.4
-   2 7.1 9
```

⑫
```
    3 4
-   2 6.0 5
```

⑬
```
    4.6 2 9
-   2.2 8
```

⑭
```
    5.0 3 7
-   4.1 6
```

⑮
```
    6.4 4
-   4.5 2 1
```

⑯
```
    8.2 6
-   5.1 8 4
```

⑰
```
    7.2 3
-   4.4 3 2
```

⑱
```
    9
-   6.1 0 5
```

날짜	월	일
시간	분	초
오답 수	/	15

자릿수가 다른 소수의 뺄셈

★ 소수의 뺄셈을 하시오.

① 21.7 - 14

⑥ 32.05 - 5.3

⑪ 8.225 - 0.54

② 53 - 16.9

⑦ 58.41 - 26.7

⑫ 1.274 - 0.83

③ 7.28 - 5.8

⑧ 63.7 - 8.52

⑬ 5.82 - 3.551

④ 4.7 - 2.64

⑨ 41.6 - 38.74

⑭ 4.05 - 2.714

⑤ 9.4 - 7.28

⑩ 54 - 18.46

⑮ 6 - 2.518

8권 분수와 소수의 덧셈과 뺄셈

종료테스트

20문항 / 표준완성시간 3~4분

실시 방법

❶ 먼저, 이름, 실시 연월일을 씁니다.

❷ 스톱워치를 켜서 시간을 정확히 재면서 문제를 풀고, 문제를 다 푸는 데 걸린 시간을 씁니다.

❸ 가능하면 표준완성시간 내에 풉니다.

❹ 다 풀고 난 후 채점을 하고, 오답 수를 기록합니다.

❺ 마지막 장에 있는 종료테스트 학습능력평가표에 V표시를 하면서 학생의 전반적인 학습 상태를 점검합니다.

이름	
실시 연월일	년 월 일
걸린 시간	분 초
오답 수	/ 20

★ 대분수 또는 자연수를 가분수로, 가분수를 대분수 또는 자연수로 나타내시오.

① $3\dfrac{5}{11} =$

② $4 = \dfrac{\boxed{}}{7}$

③ $\dfrac{65}{7} =$

④ $\dfrac{65}{13} =$

★ 분수의 계산을 하시오.

⑤ $\dfrac{5}{18} + \dfrac{9}{18} =$

⑥ $2\dfrac{5}{7} + 6\dfrac{1}{7} =$

⑦ $\dfrac{16}{24} + \dfrac{13}{24} =$

⑧ $2\dfrac{9}{15} + 3\dfrac{14}{15} =$

⑨ $\dfrac{15}{19} - \dfrac{11}{19} =$

⑩ $4\dfrac{7}{9} - 1\dfrac{2}{9} =$

⑪ $5 - 2\dfrac{7}{32} =$

⑫ $6\dfrac{3}{17} - 4\dfrac{13}{17} =$

★ 소수의 계산을 하시오.

⑬ $34.5 + 26.9 =$

⑭ $0.59 + 2.27 =$

⑮ $6.4 + 1.76 =$

⑯ $4.291 + 3.8 =$

⑰ $42.3 - 8.7 =$

⑱ $6.14 - 1.49 =$

⑲ $5.5 - 2.81 =$

⑳ $4 - 1.563 =$

》》 8권 종료테스트 정답

① $\frac{38}{11}$	② 28	③ $9\frac{2}{7}$	④ 5
⑤ $\frac{14}{18}$	⑥ $8\frac{6}{7}$	⑦ $1\frac{5}{24}$	⑧ $6\frac{8}{15}$
⑨ $\frac{4}{19}$	⑩ $3\frac{5}{9}$	⑪ $2\frac{25}{32}$	⑫ $1\frac{7}{17}$
⑬ 61.4	⑭ 2.86	⑮ 8.16	⑯ 8.091
⑰ 33.6	⑱ 4.65	⑲ 2.69	⑳ 2.437

》》 종료테스트 학습능력평가표

8권은?

학습 방법	☐ 매일매일	☐ 가끔	☐ 한꺼번에	– 하였습니다.
학습 태도	☐ 스스로 잘	☐ 시켜서 억지로		– 하였습니다.
학습 흥미	☐ 재미있게	☐ 싫증내며		– 하였습니다.
교재 내용	☐ 적합하다고	☐ 어렵다고	☐ 쉽다고	– 하였습니다.

	평가	☐ A등급(매우 잘함)	☐ B등급(잘함)	☐ C등급(보통)	☐ D등급(부족함)
평가 기준	오답 수	0~2	3~4	5~6	7~

• A, B등급 : 다음 교재를 바로 시작하세요.
• C등급 : 틀린 부분을 다시 한번 더 공부한 후, 다음 교재를 시작하세요.
• D등급 : 본 교재를 다시 복습한 후, 다음 교재를 시작하세요.